Wirtschaftliche Stanztechnik

Wirtschaftliche Stanztechnik

Beispielsammlung aus der Praxis
für die Praxis

Von

Dipl.-Ing. Hans J. Gröbner
Frankfurt/M.

Mit 154 Abbildungen

Springer-Verlag
Berlin / Göttingen / Heidelberg
1961

ISBN-13: 978-3-540-02671-6   e-ISBN-13: 978-3-642-92811-6
DOI: 10.1007978-3-642-92811-6

Eugen Kaczmarek
zum Gedächtnis

Vorwort

Der Mann, der recht zu wirken denkt,

muß auf das beste Werkzeug halten.

GOETHE (Faust)

Es ist das Bestreben eines jeden Stanzfachmannes, das Arbeitsverfahren so auszuwählen und das Werkzeug so zu gestalten, daß bei der Herstellung eines Schnitt-, Stanz- oder Ziehteiles ein Optimum hinsichtlich des Werkstoff- und Zeitaufwandes erzielt wird. Jeder Stanzfachmann wird bei dieser ihm übertragenen Aufgabe von vornherein sein Möglichstes tun. Es gibt jedoch auch Fälle, wo der *Fachmann vor eine Alternative* gestellt wird, dieses oder jenes Werkzeug auszuwählen bzw. auf das Werkstück abgestimmte Fertigungsverfahren anzuwenden. Hier wird eine genaue Kostenrechnung unumgänglich notwendig sein. In Zweifelsfällen ist es daher erforderlich, die wirtschaftlichen Grenzstückzahlen zu bestimmen, um entscheiden zu können, welches Werkzeug für die Fertigung eines Schnitt- oder Stanzteiles wirtschaftlich eingesetzt werden soll. Die wirtschaftlichen Grenzstückzahlen bestimmt man aus der Differenz der Werkzeugkosten, dividiert durch die Differenz der Werkstückkosten (siehe Beispiele 3.0.4, 3.0.6). Aber auch durch weitere Überlegungen, z. B. durch konstruktive Änderungen des Schnitt- oder Stanzteiles oder Auswahl einer besonders konstruierten Werkzeugart lassen sich oft Ersparnisse erzielen, die manchmal nicht ohne weiteres erkannt werden können.

Die vorliegende *Beispielsammlung* soll daher dazu beitragen, dem Konstrukteur, Werkzeugbauer und Stanzfachmann *Anregungen* für seine Arbeit *zu geben* und ihm diese Arbeit zu erleichtern. Es sei hervorgehoben, daß sämtliche Beispiele dieser Sammlung aus der Praxis stammen und nicht nur theoretisch konstruiert und schematisiert wurden. Dabei ist das Streben nach einer wirtschaftlichen Fertigungsweise in der Stanztechnik nach verschiedenen Seiten hin möglich.

Darüber hinaus gibt es noch andere Möglichkeiten, die in dieser Zusammenstellung besonders behandelt werden. Einerseits kann dies geschehen durch Maßnahmen, die das Werkstück als solches betreffen, andererseits durch die Konstruktion des Werkzeuges und schließlich durch die Wahl des Fertigungsverfahrens selbst.

Im Nachstehenden sind einige lehrreiche und markante Beispiele zusammengestellt, die besonders geeignet erscheinen, die Ersparnismöglichkeiten hinsichtlich des Werkstoff-, Zeit- und Lohnaufwandes erkennen zu lassen. Die angegebenen Kosten sind nur als unverbindliche Richtwerte zu betrachten.

Hierbei wurde folgende Gliederung vorgenommen:[1]

Gruppe 1 Abfallarmes Schneiden durch Konstruktionsänderung und fertigungsgerechte Gestaltung des Schnitt- und Stanzteiles (werkstückbedingt).

Gruppe 2 Wahl eines anderen stanztechnischen Arbeitsverfahrens (werkzeugbedingt).

Gruppe 3 Wahl eines anderen Fertigungsverfahrens, z. B. Umstellung von Guß auf Stanztechnik oder von Zerspanungstechnik auf ein stanztechnisches Arbeitsverfahren oder von diesem auf Spritzguß, Druckguß u. dgl. (verfahrensbedingt).

Aber nicht nur allein die Werkstoffausnutzung, Fertigungszeitersparnisse, konstruktive, werkzeug- und verfahrensbedingte Maßnahmen sind ausschlaggebend für die Wirtschaftlichkeit eines Stanzbetriebes, sondern auch der Einsatz genormter Bauelemente, das Glühen in der Stanztechnik, die Mechanisierung und Automatisierung sind wesentliche Rationalisierungsfaktoren. Diese letztgenannten Maßnahmen sind nicht eigentlicher Gegenstand dieser Abhandlung, sondern wurden nur kurz gestreift, da sich hiermit andere Gremien ausführlich befassen.

Es sei an dieser Stelle all den Firmen besonders gedankt, welche entgegenkommenderweise Unterlagen für diese Beispielsammlung zur Verfügung stellten. Es sind dies folgende Firmen:

Adlerwerke vorm. Hch. Kleyer A.G., Frankfurt/Main; Allgemeine Elektricitäts-Gesellschaft, Frankfurt/M.-Berlin; Bayerische Motorenwerke, München; Robert Bosch GmbH., Stuttgart; Brown, Boveri & Cie. Großauheim; Kadow und Riese, Berlin; Merz-Werke, Frankfurt/Main;

---

[1] Es wird darauf hingewiesen, daß sich nicht immer eine exakte Trennung der Gliederung bei den gezeigten Beispielen erreichen ließ.

Opel A.G., Rüsselsheim; L. Schuler A.G., Göppingen; Siemens & Halske, Berlin-Siemensstadt; Siemens-Schuckert-Werke, Erlangen; Telefonbau und Normalzeit GmbH., Frankfurt/Main; VDO Tachometer, Frankfurt/Main; Voigt und Haeffner A.G., Frankfurt/Main; Volkswagenwerk GmbH, Wolfsburg.

Besonderen Dank gebührt Herrn Obering. E. VERGEN, Berlin, für seine wertvollen Anregungen und Durchsicht dieser Arbeit.

Es wird erhofft, daß aus dieser Beispielsammlung sowohl mancher Studierende als auch Stanzereifachmann Nutzen für sich und somit auch für seinen Betrieb ziehen wird. Gleichzeitig soll aber damit auch ein Betrag zur Leistungssteigerung in der Stanztechnik geleistet werden.

Frankfurt/Main, im Frühjahr 1961

H. J. Gröbner

Inhaltsverzeichnis

1 Werkstückbedingte Maßnahmen 1

Abfallarmes Schneiden durch Konstruktionsänderung und fertigungsgerechte Konstruktion der Schnitt- bzw. Stanzteile 1

1.0 Möglichkeiten der Werkstoffersparnis bei der Konstruktion 1

1.1 Einsparung durch Veränderung der Zuschnittform 1
    1.1.1 Abdeckscheiben 3

1.2 Einsparung durch volle Werkstoffausnutzung (abfalloses
Schneiden) 3
    1.2.1 Distanzstück 3
    1.2.2 Kondensatorträger 3
    1.2.3 Anschlußwinkel 4
    1.2.4 Gabelschaftrohr-Verstärkung 4

1.3 Einsparung durch Minderung des Abfalles (abfallarmes
Schneiden) 4
    1.3.1 Abdeckscheibe 4
    1.3.2 Halter für Becherkondensatoren 5
    1.3.3 Fußkontakt 6
    1.3.4 Sockelplatte 6
    1.3.5 Strombrücke 6
    1.3.6 Montagering für Unterputzschalter. 7
    1.3.7 Anschlußfahne 8
    1.3.8 Nietscheibe 8
    1.3.9 Ausnutzung von Bändern bei runden Ausschnitten 9

1.4 Das Flächenschluß-System 9

1.5 Einsparung durch gemeinsamen Zuschnitt 14

1.6 Einsparung durch Verwendung von Mehrfachwerkzeugen 14
    1.6.1 Lötösen in einem Verteiler 14

1.7 Einsparung durch Wahl anderen Vormaterials 17
    1.7.1 Sicherungshalter 17

1.8 Einsparung an Werkstoff durch Verrippung 18
    1.8.1 Steg 18
    1.8.2 Winkel 18
    1.8.3 Winkel 18

1.9 Erhöhung der Seitensteifigkeit an einem Hohlkörper . . 19

1.10 Doppelblech nach Insektenflügelbauart 19
    1.10.1 Calottan — ein werkstoffsparendes Bauelement hoher Biege-
und Knickfestigkeit 21
1.11   Anordnung von Versteifungsrippen 23
1.12   Anwendungsbeispiele aus der Praxis 23

2 Werkzeugbedingte Maßnahmen 29
Wahl eines anderen stanztechnischen Arbeitsverfahrens — Arbeiten
mit kombiniertem Werkzeug 29

    2.0.1 Kralle 29
    2.0.2 Lötöse 30
    2.0.3 Lötplatte 31
    2.0.4 Glockenschale 31
    2.0.5 Anschlußklemme 32
    2.0.6 Klammer 32
    2.0.7 Scheibe. 33
    2.0.8 Einzelteile eines Weckers 33
    2.0.9 Gehäusefuß 36
    2.1.0 Kollektorbuchse 36
    2.1.1 Lampenfassung 36
    2.1.2 Lampenfassung 37
    2.1.3 Flachschienen 38
    2.1.4 Federteller 38
    2.1.5 Winkel 39
    2.1.6 Querträgerhalter 40
    2.1.7 Führungsblech 40
    2.1.8 Nußhälfte 41
    2.1.9 Schelle 42
    2.2.0 Griff 42
    2.2.1 Kleine Tellerscheibe. 44
    2.2.2 Halter für Fensterrolle 44
    2.2.3 Halter für Gewindeblock 45
    2.2.4 Befestigungsschelle für Schalttafel 46
    2.2.5 Kontaktstück 46
    2.2.6 Magnetkernblech 47
    2.2.7 Ösen 48
    2.2.8 Leiste 49
    2.2.9 Hartmetallbestückte Schnittwerkzeuge 49
    2.3.0 Ringe mit Schnitteisen hergestellt 51
    2.3.1 Kurvenscheibe 52
    2.3.2 Winkel 52
    2.3.3 Federkontakt 52
    2.3.4 Weitere Beispiele allgemein üblicher Arbeitsverfahren . . . 53

3 Verfahrensbedingte Maßnahmen 53
Wahl eines anderen Fertigungsverfahrens 53

    3.0.1 Abschluß Jalousiedeckel 53
    3.0.2 Mantel 55
    3.0.3 Joch (Haltewinkel) zum Wecker 55
    3.0.4 Steckerbuchse 57
    3.0.5 Gehäusedeckel 57
    3.0.6 Anschlußklemme 57
    3.0.7 Tastenhebellagerkamm 59
    3.0.8 Gewindeleiste 59
    3.0.9 Klappe 60
    3.1.0 Deckel 60
    3.1.1 Deckelöffnung. 60
    3.1.2 Aufhängung 61

3.1.3   Aluminiumkappe 63
3.1.4   Buchse 64
3.1.5   Hohlteil mit quadratischer Grundfläche 64
3.1.6   Schutzkappe 65
3.1.7   Ausleger 65
3.1.8   Spezialflansch 66
3.1.9   Flansch 67
3.2.0   Handbremshebel 68
3.2.1   Riemenscheibe 70
3.2.2   Ziehring für Scheinwerfer 70
3.2.3   Verschlußkappe 70
3.2.4   Ring mit Biegestanze hergestellt 71
3.3.0   Ziehtechnik 72
3.3.1   Ziehen in mehrreihigen Streifen 72
3.3.2   Ziehen auf Stufenpressen 72
3.3.3   Zinkwerkzeuge zum Umformen von Blech (Tiefziehen, Prägen,
        Pressen) 72
3.3.3.1 Ziehteil mit Zinkwerkzeug hergestellt 81
3.3.4   Gummi-Schneid- und Ziehverfahren 81
3.3.5   Neuere Ziehverfahren 85

4 Wirtschaftlichkeitsrechnung und Grenzstückzahlen 87
   4.1   Ermittlung der Werkzeugkosten je Werkstück 88
   4.2   Kostenvergleich für die Herstellung eines Leuchtschirmes 88
   4.3   Ermittlung der Grenzstückzahlen 92
         4.3.1   Ermittlung der Grenzstückzahl unter Berücksichtigung ver-
                 schiedener Gemeinkostensätze 92
         4.3.2   Wirtschaftlichere Fertigung einer Rändelschraube 92
         4.3.3   Wirtschaftlichere Fertigung eines Klemmhebels 93

5 Glühen in der Stanztechnik 95

6 Mechanisierung und Automatisierung in der Stanztechnik 103

7 Schrifttum 112

8 Übersicht wichtiger Normblätter 114

9 Sachverzeichnis 116

1 Werkstückbedingte Maßnahmen

Abfallarmes Schneiden durch Konstruktionsänderung und fertigungsgerechte Gestaltung der Schnitt- und Stanzteile

1.0 Möglichkeiten der Werkstoffersparnis bei der Konstruktion

1.0.1 Werkstoffverluste lassen sich durch *enge Zusammenarbeit* der
Konstruktionsbüros mit dem Betrieb verringern.

1.0.2 Schnitt- und Stanzteile sind mit *möglichst kleinem Flächeninhalt*
zu entwerfen; ihre Form muß möglichst so sein, daß sie sich im Werkstoffstreifen gut aneinanderreihen lassen.

1.0.2a Die bestmögliche Werkstoffausnutzung wird erreicht, wenn die
Schnitteile *ohne Abfall aus dem Werkstoffstreifen* geschnitten werden.

1.0.2b In manchen Fällen kann man die Werkstoffausnutzung dadurch verbessern, daß *aus* dem *Hauptteil* noch ein weiteres *Teil* ausgeschnitten wird. Werden in einem Streifen 2 oder 3 verschiedene Teile
angeordnet, so ist zu berücksichtigen, daß durch Ausscheiden des einen
Teiles infolge Konstruktionsänderung die anderen ebenfalls aus dem
Fertigungsgang ausscheiden müssen (Fertigung nur für Standardteile).

1.0.3 Stern-, Gabel- und U-Formen sind wegen zu großen Werkstoffverbrauches zu *vermeiden*.

1.0.4 Kleine Toleranzen *ergeben* in der Fertigung leicht *Ausschuß*;
große sind wirtschaftlicher.

1.0.5 Teile aus dünnem Werkstoff, die größere Festigkeiten erfordern,
sind mit Rippen oder Bördelungen zu versehen. Hierbei ist die Lage der
Walzfaser zu berücksichtigen. Im allgemeinen hängt die Gestaltung von
jedem Sonderzweck ab und muß im übrigen dem Konstrukteur über-
lassen bleiben. Es empfiehlt sich, die Rippenhöhe gleich der doppelten,
die Rippenbreite gleich der vierfachen Werkstoffdicke zu machen.

1.0.6 Bei Teilen mit Gewinde aus dünnem Werkstoff erhält man ein
längeres und damit besser tragendes Muttergewinde, wenn man die
Lochungen durchzieht; die Blechdicke hängt von der Gewindetiefe ab.

1.0.7 Biegekanten sollen möglichst *nicht parallel zur Walzrichtung*
liegen, um ein Reißen des Werkstoffes zu vermeiden.

1.0.8 Sind Biegungen in verschiedener Richtung im Teil erforderlich, so muß die *Walzrichtung diagonal* zu den Biegungen liegen.

1.0.9 Es ist anzustreben, keine scharfen Biegungen zu verlangen, wenn solche nötig sind, nur bei weichem Werkstoff; bei hartem z. B. federhartem Bronzeblech oder Federbandstahl müssen die *Biegekanten abgerundet* werden. Mit zunehmender Härte des Werkstoffes sollen die Abrundungen größer werden.

1.0.10 Die geringste Entfernung einer Biegekante von der Kante eines Teiles oder einer Lochkante soll nicht kleiner als die doppelte Werkstoffdicke sein.

1.0.11 Stegbreiten sind so schmal wie möglich zu halten; *steglos* kann geschnitten werden, wenn es die *Form des Teiles gestattet* und wenn es auf die Genauigkeit nicht ankommt.

Wirtschaftlichkeitsbetrachtungen. Um nicht aus Sparsamkeit an *einer Stelle* Verluste an einer *anderen* entstehen zu lassen, muß eine Wirtschaftlichkeitsuntersuchung als Grundlage für den Entscheid über die Teil- und Werkzeugkonstruktion dienen. Oft wird geringerer Werkstoffverbrauch an Schnitt- oder Stanzteilen durch nicht gerechtfertigte hohe Werkzeugkosten entstehen.

1.1 Einsparung durch Veränderung der Zuschnittform

1.1.1 Abdeckscheiben (Abb. 1a und b)

Werkzeug: Schnitt mit Vorlocher.
Werkstoffverbrauch: 814 mm² je Teil, 35 Teile/m.

Runde Form des Schnitteiles erfordert großen Werkstoffbedarf, der durch Mehrfachschnitte herabgesetzt werden kann. Der Anwendung von Mehrfachschnitten sind aber wirtschaftliche Grenzen gesetzt.

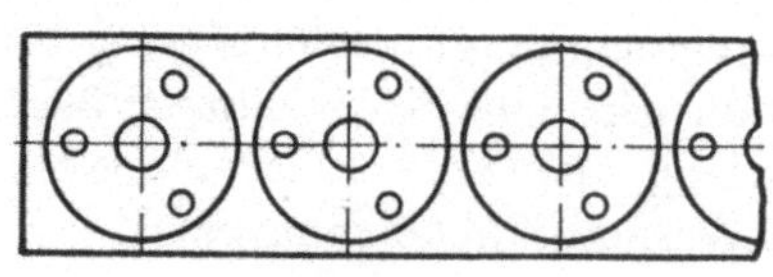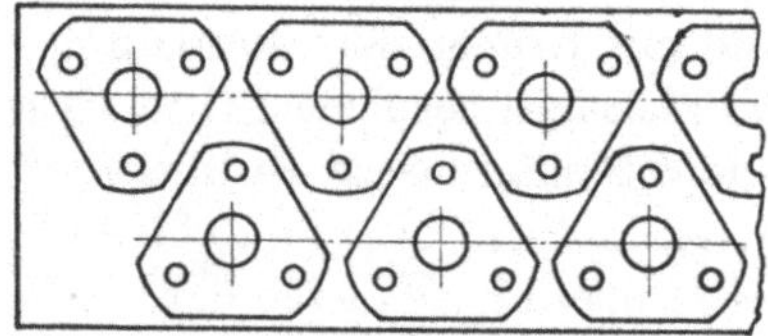

Abb. 1a u. b

Werkzeug: Schnitt mit Vorlocher.
Werkstoffverbrauch: 612 mm² je Teil, 70 Teile/m.

Die Änderung des Teiles ergibt bessere Werkstoffausnutzung.

1.2 Einsparung durch volle Werkstoffausnutzung (abfalloses Schneiden)

Nur für Werkstücke bis 1,5 mm Dicke anwendbar, da sonst unsaubere und schräge Schneidkanten entstehen.

1.2.1 Distanzstücke (Abb. 2a u. b)

Das Werkstück wurde früher aus dem Streifen komplett ausgeschnitten, wobei zwischen den Stücken ein Netz von 2 mm Werkstoffbreite stehen blieb. Durch konstruktive Änderung des Werkstückes wurde der Ausschnitt für den flachen Nietlappen in das darauffolgende Stück hineingelegt, so daß ein gänzlich abfalloses Schneiden ermöglicht wird.

Bemerkung: Wird eine hohe Maßgenauigkeit der Werkstücke verlangt, so ist möglichst auf das abfallose Schneiden zu verzichten, da sich die Schneidtoleranzen auf die Werkstücke übertragen können. Werden die Werkstücke später in der Montage untereinander verschachtelt, ist auf das abfallose Schneiden zu verzichten.

früher   Abb. 2a u. b   jetzt

1.2.2 Kondensatorträger (Abb. 3a u. b)

Werkstoffeinsparung durch konstruktive Anpassung.

Früher: Abfall 12% (Abb. 3a).
Jetzt: abfallos; Werkstoffersparnis 22% (Abb. 3b).

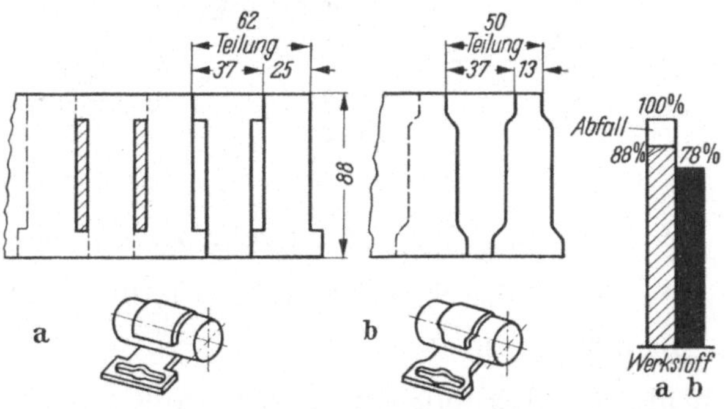

Abb. 3a u. b. Verbesserte Walzstoffausnützung durch Formänderung

1*

Bemerkung: Mit jedem Schnitt fallen zwei Teile heraus. Diese sind nicht deckungsgleich. Das 2. Teil ist uneben. Dieses muß durch Druckluft weggebracht werden. In der Länge des Teiles ist eine große Toleranz erforderlich und zulässig.

1.2.3 Anschlußwinkel (Abb. 4)

Bemerkung: Es gelten die gleichen Überlegungen wie zu Beispiel 1.2.2.

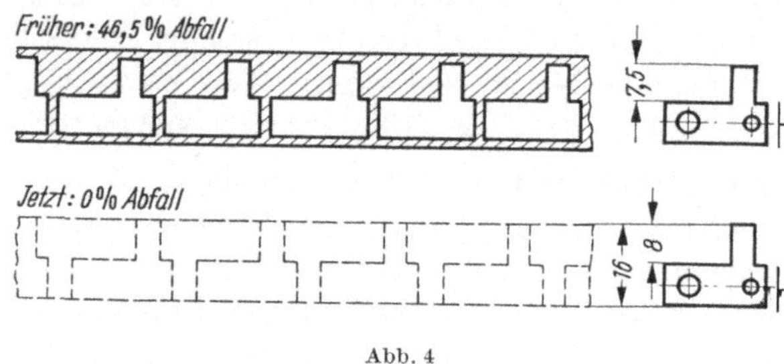

Abb. 4

1.2.4 Gabelschaftrohr-Verstärkung (Abb. 4a u. b)

Früher: 73,2 cm²/Teil. *Jetzt:* 27,8 cm²/Teil.

Werkstoffersparnis: 25%. *Zeitersparnis:* 50%.

Bemerkung: Die Schnitteilanordnung nach Abb. 4b ermöglicht die Anwendung des abfallosen Schneidens. Das Abschneiden erfolgt durch zwei gleichzeitig arbeitende Stempel. Stempel 1 schneidet ein Teil. Der je nach Blechdicke kürzere Stempel 2 schneidet nachfolgend ein 2. Werkstück.

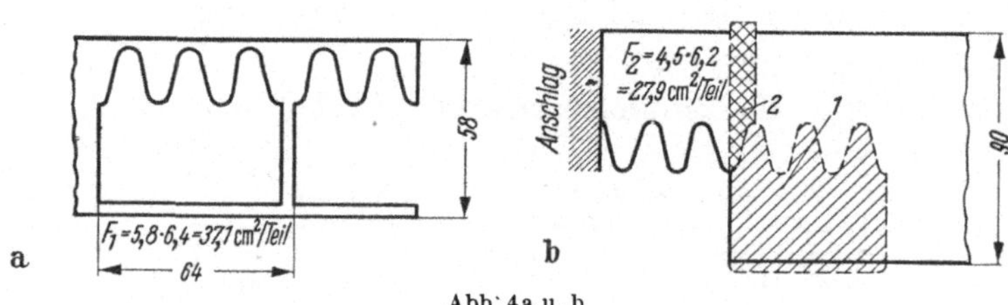

Abb. 4a u. b

1.3 Einsparung durch Minderung des Abfalles

1.3.1 Abdeckscheibe (Abb. 5a u. b)

Früher: Abfall 30% (Abb. 5a).

Jetzt: Abfall 2%, Werkstoffersparnis 35% (Abb. 5b).

Bemerkung: Diese Fertigung ist nur möglich, wenn das Teil nicht absolut deckungsgleich zu sein braucht.

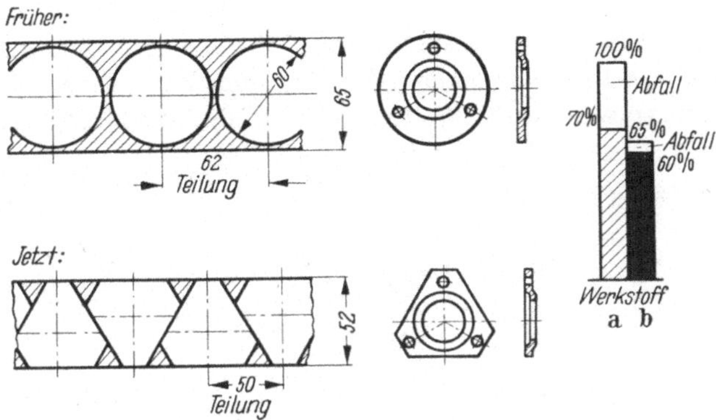

Abb. 5a u. b. Verbesserte Werkstoffausnutzung durch Formänderung

1.3.2 Halter für Becherkondensatoren

Werkstoffeinsparung durch konstruktive Anpassung (Abb. 6a u. b).

Alte Ausführung: 104,0 kg für 1000 Stück
Neue Ausführung: 73,8 kg für 1000 Stück

Werkstoffersparnis: 30,2 kg für 1000 Stück = 29%.

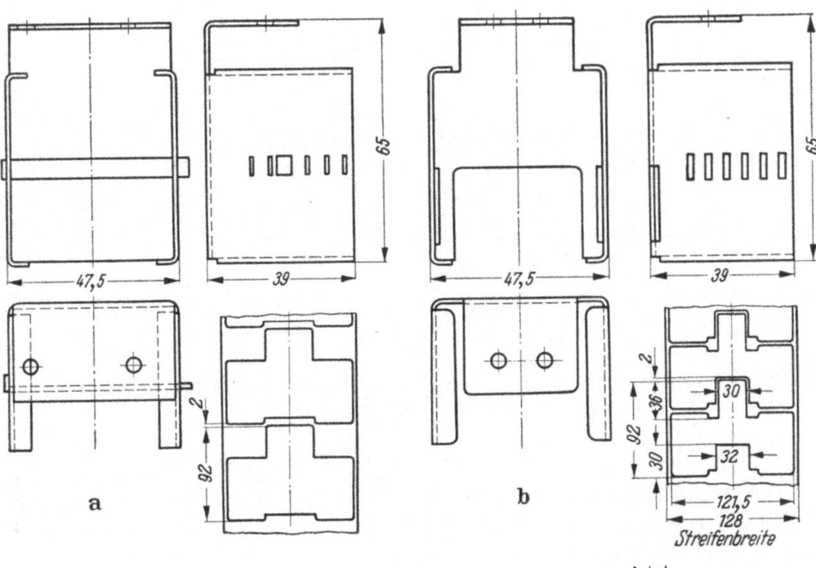

früher   Abb. 6a u. b   jetzt

1.3.3 Fußkontakt (Abb. 7a u. b)

Früher: 528 mm²/Teil.   *Jetzt:* 380 mm²/Teil.
Werkstoffersparnis: 28%.

Lochabstände und Toleranzen nach Abb. 7a sind genau, die Toleranzen des Werkstückes nach Abb. 7b sind wesentlich größer. Bei dicken Werkstücken ist ein Werkzeug mit Federboden erforderlich.

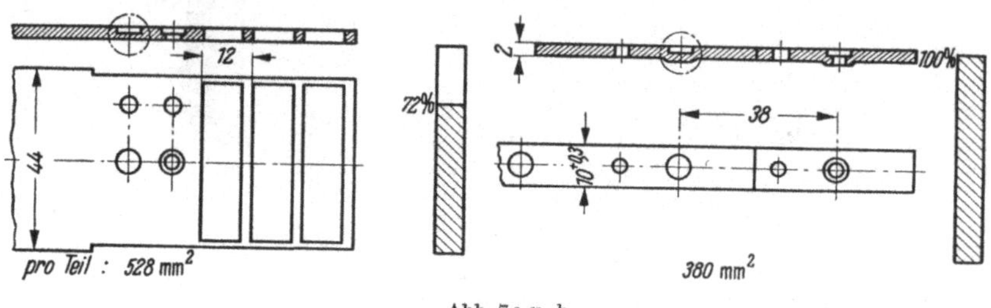

Abb. 7a u. b

1.3.4 Sockelplatte, Konstruktive Anpassung (Abb. 8)

Früher: 2 Arbeitsvorgänge.   *Jetzt:* 1 Arbeitsvorgang.
Ersparnis: Werkstoff 22%, Fertigungszeit 70%.

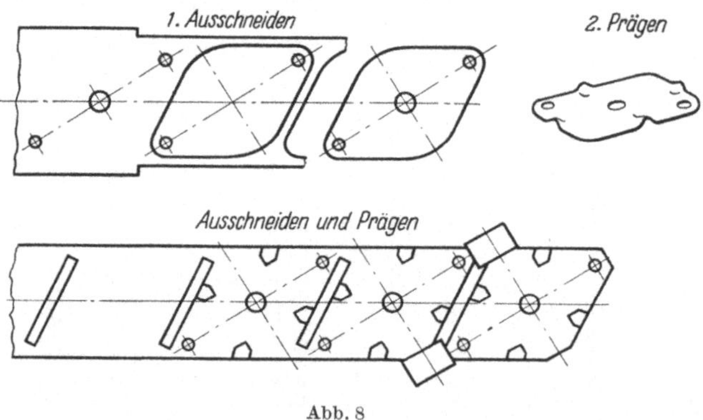

Abb. 8

1.3.5 Strombrücke (Abb. 9)

Die Darstellung in Säule *a* zeigt die *früheren* Herstellkosten.
Die Darstellung in Säule *b* zeigt die *jetzigen* Herstellkosten.
Ersparnis: Werkstoff 33%, Fertigungszeit 20%.

Die Instandhaltungskosten eines kombinierten Werkzeuges liegen höher als die von drei einzelnen Werkzeugen. Günstigste Werkstoffausnutzung bei Verarbeitung von Band.

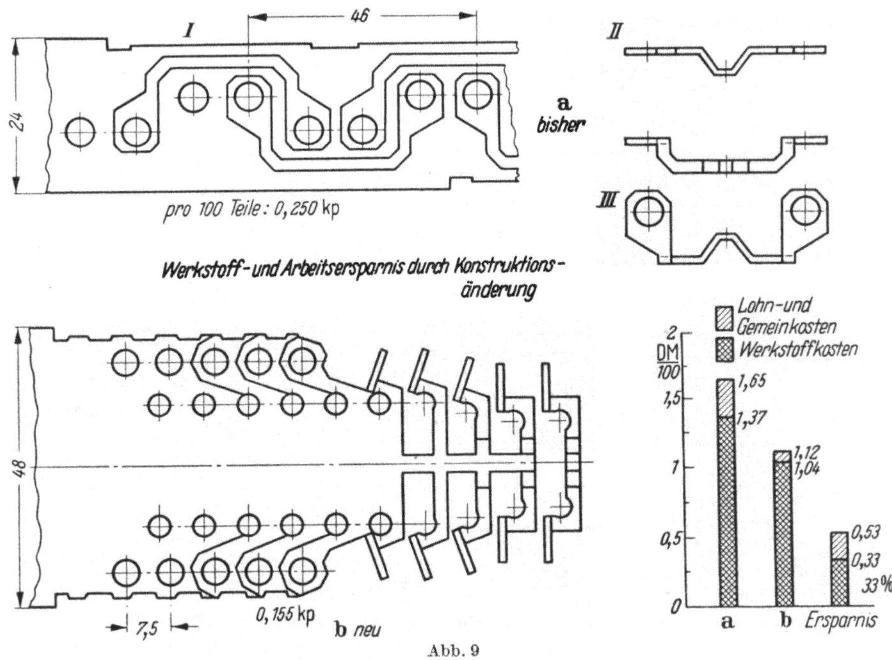

Abb. 9

1.3.6 Montagering für Unterputzschalter (Abb. 10)

Früher: 3 Arbeitsvorgänge. *Jetzt:* 1 Arbeitsvorgang.

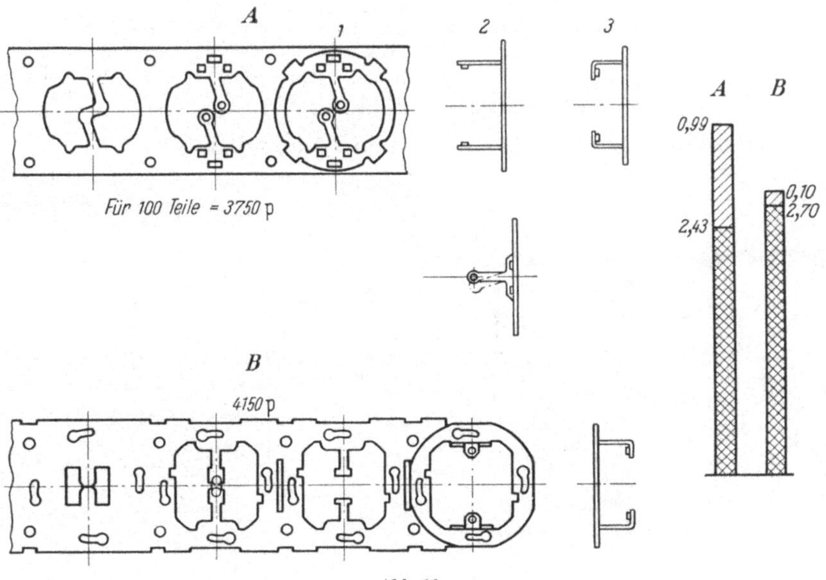

Abb. 10

Trotz größeren Werkstoffverbrauches ergibt die Umstellung dennoch eine Ersparnis von 18% der Herstellkosten.

1.3.7 Anschlußfahne (Abb. 11a—c)

Werkstoffeinsparung durch Anpassung der Konstruktion.
15% Werkstoffersparnis bei b, 39% Werkstoffersparnis bei c.

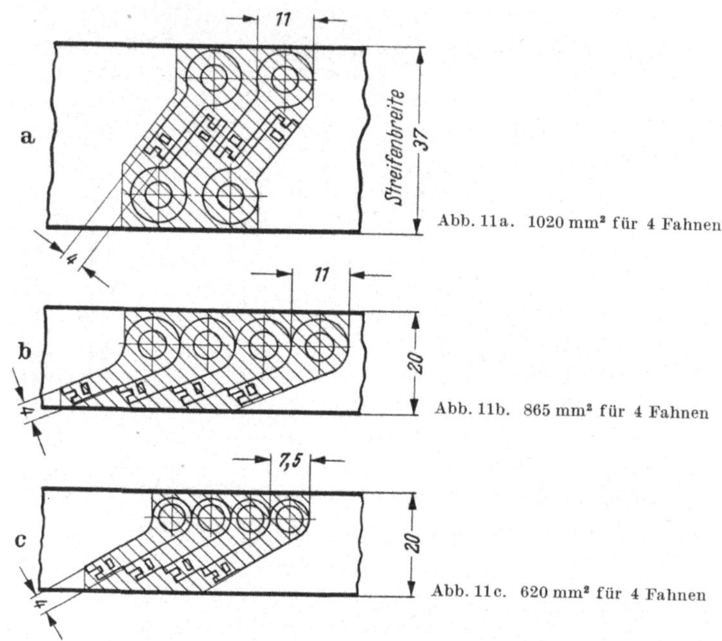

Abb. 11a. 1020 mm² für 4 Fahnen

Abb. 11b. 865 mm² für 4 Fahnen

Abb. 11c. 620 mm² für 4 Fahnen

1.3.8 Nietscheibe (Abb. 12 u. 12a)

Fast abfallos geschnitten, Aluminium 1,5 mm dick.

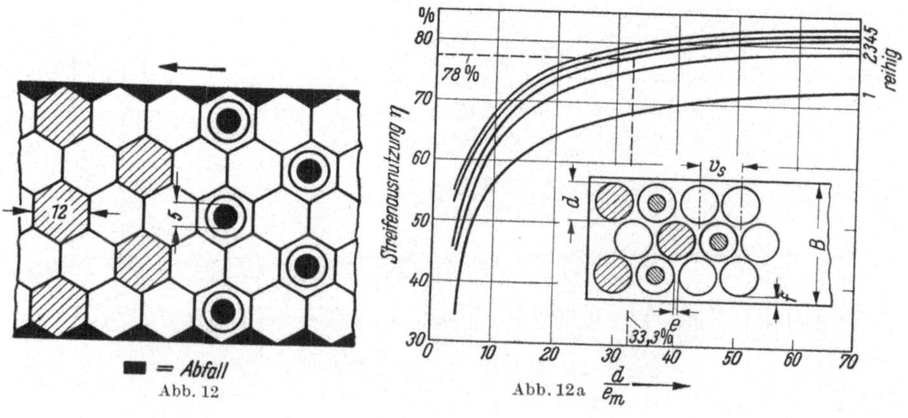

Abb. 12   Abb. 12a

1.3.9 Ausnutzung von Bändern bei runden Ausschnitten

Allgemeine Gleichung für die Ermittlung. der Streifenbreite bei n-Reihen:

$$B = (n - 1) \cdot 0{,}865 \cdot (d + e) + d + 2f\,.$$

Beispiel:

Gegeben: $d = 35\ \text{mm}$ $e = 1{,}1\ \text{mm}$ (aus Tafel 1, AWF. 5971)

          $s = 1\ \text{mm}$ $f = 1\ \text{mm}$

          $n = 3$

$$B = (3 - 1) \cdot 0{,}865 \cdot (35 + 1{,}1) + 35 + 2 \cdot 1 = 99{,}5\ \text{mm}$$

Ermittlung der Streifenausnutzung:

$$e_m = \text{durchschnittliche Stegbreite}$$

$$e_m = \frac{(n - 1) \cdot e + 2f}{2 + (n - 1)} = \frac{(n - 1) \cdot e + 2f}{n + 1}$$

Beispiel:

$$e_m = \frac{(3 - 1) \cdot 1{,}1 + 2 \cdot 1}{4} = 1{,}05$$

$$\frac{d}{e_m} = \frac{35}{1{,}05} = 33{,}3$$

aus Diagramm Abb. 12a ablesen $\eta = 78\%$.

1.4 Das Flächenschluß-System (nach Dr. H. Heesch)[1] [35]

In diesem Zusammenhang ist auch auf das Flächenschluß-System nach Dr. H. HEESCH hinzuweisen. Der Vollständigkeitsbeweis für die lückenlose regelmäßige Aufteilung der Ebene in lauter Kongruente Einzelstücke gelang ihm 1932. Er gab damit die Lösung einer mathematischen Frage, die für jegliche Aufteilung von Gesamtflächen oder Streifen grundlegend ist. Auch der Stanztechnik wird mit diesem Ergebnis in manchen Fällen *statt bisher zufälligen Einzellösungen* die wissenschaftliche Grundlage für die günstigste Werkstoffausnutzung geboten.

Obwohl die nach dem Vorschlag von HEESCH durchgeführten Blechaufteilungen erhebliche Werkstoffersparnisse ergaben, stößt man in der Praxis zu wenig auf die bewußte Anwendung seiner Regeln von Flächenschluß. Sehr häufig findet man jedoch überlieferte Methoden, denen gefühlsmäßig eine der Regeln zugrundegelegt wurde. Dieser unbewußte Gebrauch ergibt auch eine recht gute Nutzung des Werkstoffes, denn er beruht auf einer Gesetzmäßigkeit. Demgegenüber bietet die genaue Kenntnis der von HEESCH erforschten Regeln und ihre zielbewußte Verwendung manche Vorteile, welche die Praxis nutzen kann (Beispiel s. Abb. 13—22).

---

[1] s. AWF-Mitteilungen 32 (1957) H. 1 S. 1.

Dieses System ermöglicht Flächenschluß durch *Schiebung, Drehung* oder *Gleitspiegelung* einer Linie.

1. Regel. *Flächenschluß im Streifen ergibt sich durch Verschieben einer willkürlichen Linie in Streifenrichtung.*

Abb. 13 und 14 beweisen die Zweckmäßigkeit einer klaren Formulierung dieser bekannten Tatsache.

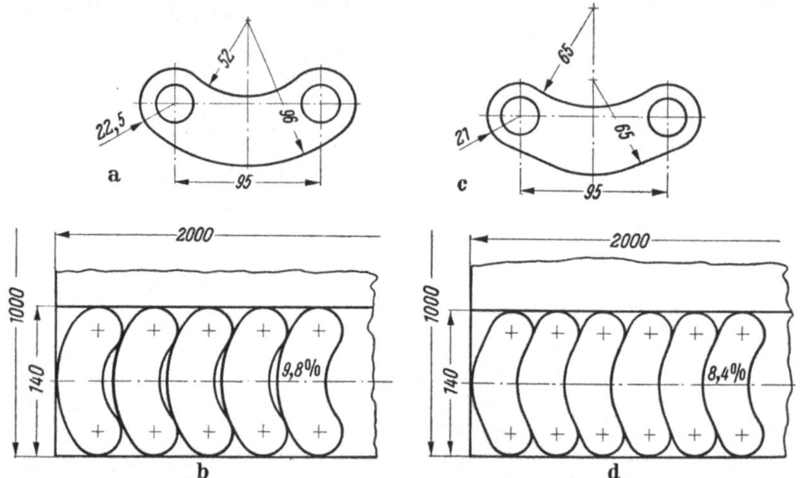

13a u. b. Gute Nutzung durch gefühlsmäßige Anordnung
c u. d Bessere Nutzung durch bewußte Anwendung des Flächenschlusses

Das Werkstück nach Abb. 14a erfordert einen Aufwand von 495 mm², die Konstruktion nach Abb. 14b ergibt bei 390 mm² Aufwand eine Einsparung von 21% der ursprünglichen Werkstoffkosten. Die Entstehung zeigt Abb. 14c. AA' und BB' liegen auf den beiden Kanten des Blechstreifens. AB wird durch eine willkürliche Linie (T)[1] verbunden und

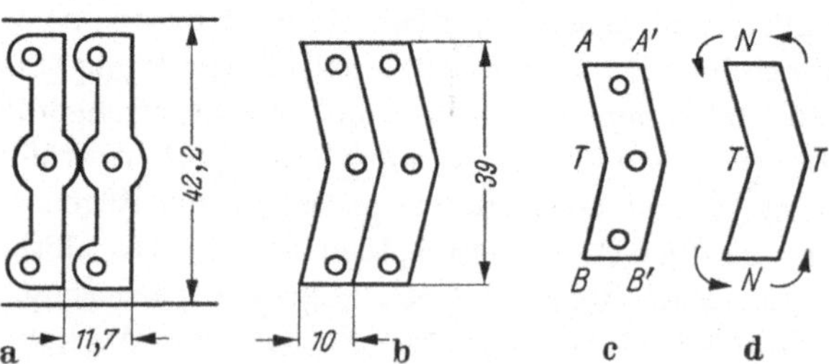

Abb. 14a-d. a Werkstück (Kontaktblech) vor der Änderung, b Werkstück gleicher Funktion wie Abb. 14a, c u. d. nach der Änderung

---

[1] $N =$ Neutrale $A'A$ (Streifenkante des Rohmaterials)
$T =$ willkürliche Linie AB, die verschoben wird
$N = BB'$
$T =$ verschobene Linie $B'A'$.

diese nach $A'B'$ verschoben (T Abkürzung von Translation). Abb. 14c Grundtyp im System HEESCH NTNT.

Den Abschluß der „Schiebung" möge daher die Berechnung solcher Schräglagen bilden. Abb. 15 zeigt die schräge Anordnung eines ungleichschenkligen Winkels (Scharnierrohteil).

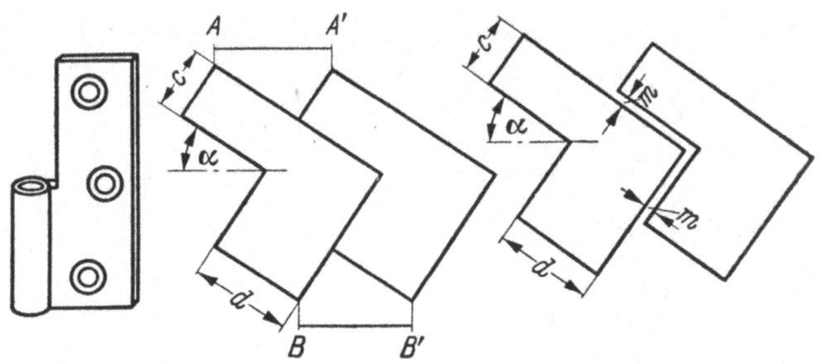

Abb. 15. Schräge Anordnung eines ungleichmäßigen Winkels (Scharnierrohteil)

Abb. 16a—c zeigt eine schräge Anordnung, welche aus Abb. 15 abgeleitet wurde.

Diese Anordnung (Abb. 16c 1664 mm² Verbrauch) läßt sich durch eine andere Schräglage (Abb. 16d 1626 mm² Verbrauch) noch verbessern, wodurch eine Ersparnis von 2,5% eintritt.

Bezeichnungen und Maße nach Abb. 16e ergeben:

$$\text{Abb. 16c: } \operatorname{tg} \alpha = \frac{c}{d}\,; \qquad \text{Abb. 16d: } \operatorname{tg} \alpha = \frac{a + c + 2\,m}{2\,(d + m)}$$

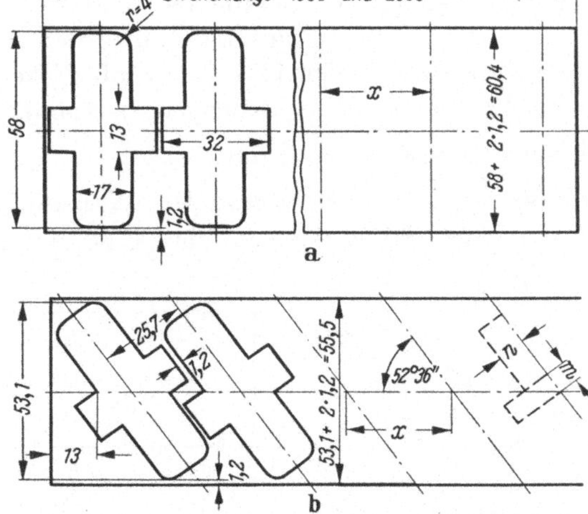

Abb. 16a u. b: Schräge Anordnung durch Ableitung nach Abb. 15

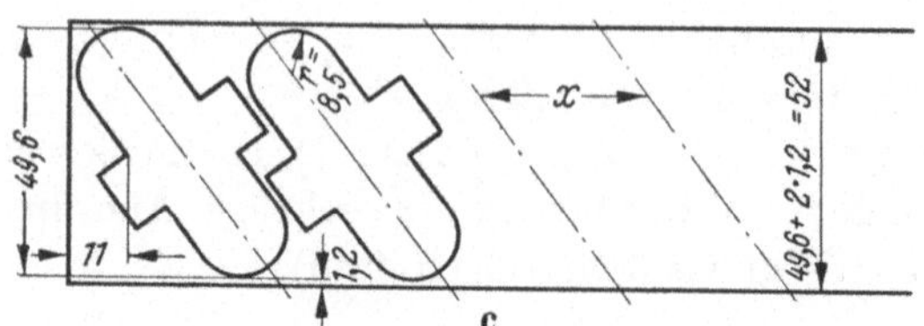

Abb. 16c. Schräglage und Abrundung der Ecken

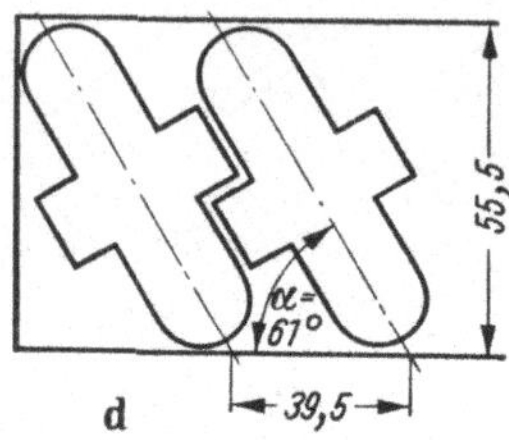

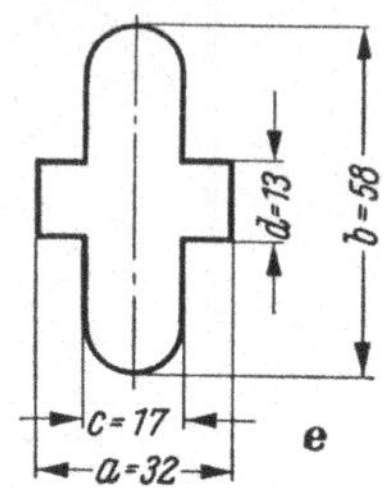

Abb. 16d. Andere Schräglage mit Flächenschluß

Abb. 16e. Erläuterungszeichnung zu den
nachstehenden Flächenschlußformeln

Entstehung der Drehlinie: Halbiert man die Strecke AB, so ergibt der Mittelpunkt M den Drehpunkt. Nun kann die Entfernung AM durch

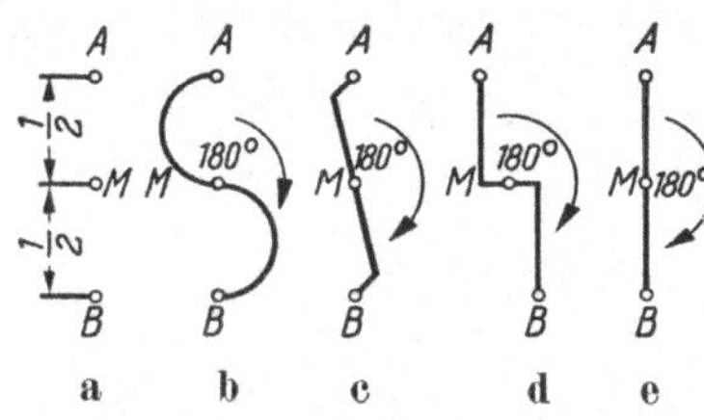

Abb. 17a—e. Entstehung der Drehlinie

eine willkürliche Linie überbrückt werden (Abb. 17a—e). Diese Linie wird mit M als Drehpunkt um 180° geschwenkt, so daß A nach B wandert. Der Linienzug AB führt den Namen Drehlinie (C). Für die Praxis ergibt sich hieraus, daß auch eine Gerade als Drehlinie auftreten kann und wann dies der Fall ist (17e). Ferner ergeben gebrochene Linien (17c u. d) oft Ecken im Umriß, denen für die Flächenteilung keine Bedeutung zukommt.

Eine Regel von H. HEESCH besagt nun:

2. Regel. *Im Streifen ergibt sich Flächenschluß* (also abfalloses Schneiden) *mit zwei willkürlichen Drehlinien* (AB und $A''B''$) (s. Abb. 18).

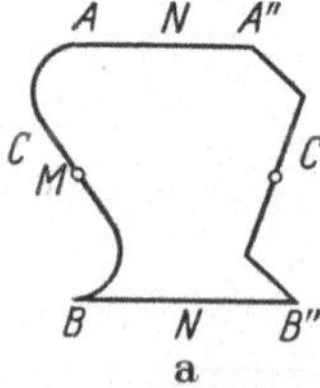

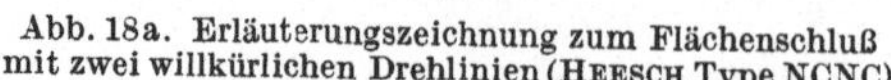

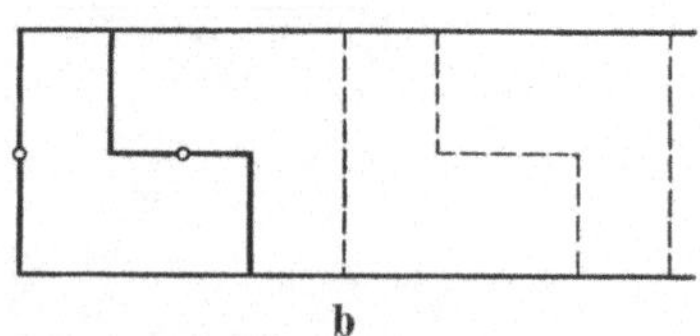

Abb. 18a. Erläuterungszeichnung zum Flächenschluß
mit zwei willkürlichen Drehlinien (HEESCH Type NCNC)

Abb. 18b. Scharnierrohteil

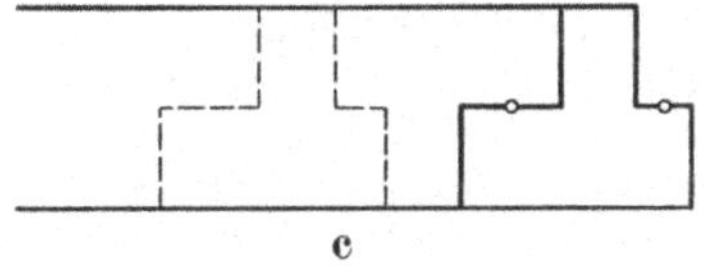

Abb. 18c. Ungleicharmiges T-Stück

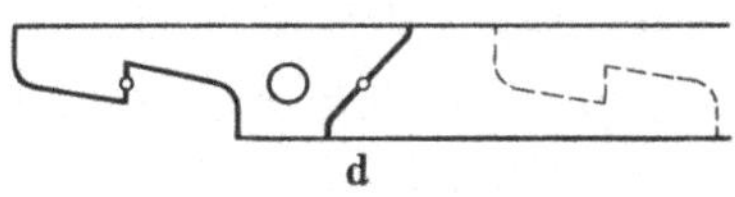

Abb. 18d. Schnappriegel

3. Regel. *Gleitspiegelung einer Drehlinie:* Die Belange der Praxis und die Auffassung der Theorie sollen mit Hilfe der Drehlinie nun noch weiter in Einklang gebracht werden. Bei Abb. 18 fehlt das gleicharmige T (Abb. 19).

Dieser Typ (NCNC oder NGNG) bietet der Praxis oft große Vorteile, tritt aber in der Theorie der Grundtypen nicht in Erscheinung, obwohl

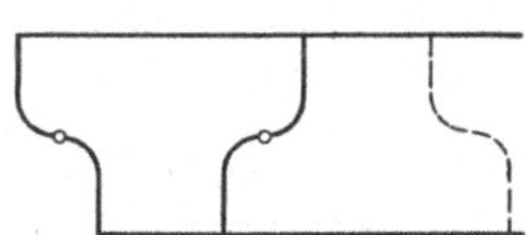

Abb. 19. Gleitspiegelung einer Drehlinie

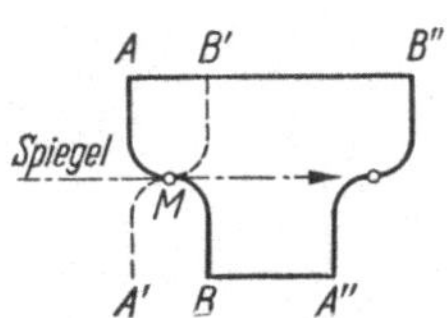

Abb. 20. Entstehung der Spiegelung
(HEESCH Type NCNC oder NGNG)

sie ihn bzw. weil sie ihn zweimal enthält. Hierzu wird in Abb. 20 die Entstehung gezeigt. Die Punkte A und B werden durch eine Drehlinie verbunden. Legt man nun einen beiderseitigen Spiegel durch M in Streifenrichtung, so erscheint hierin die „Spiegelung" $A'B'$ und diese gleitet entlang der Spiegelachse nach $A''B''$ (Gleitspiegelung G).

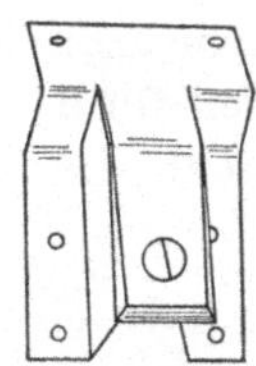

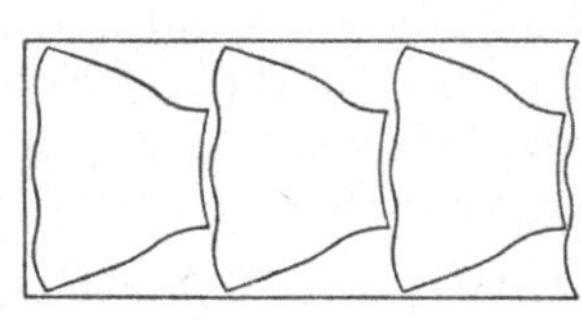

Abb. 21. Praktisches Beispiel für die HEESCH-Typen NCNC oder NGNG

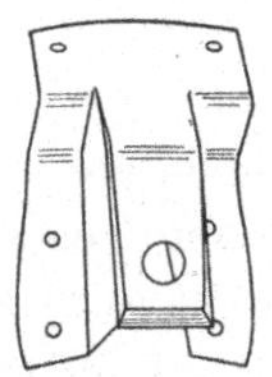

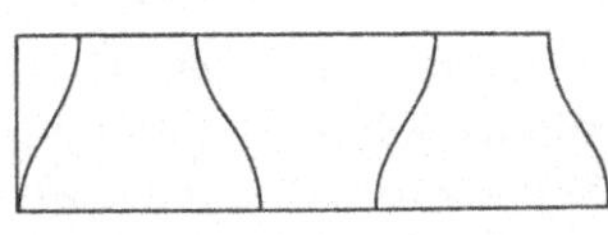

Abb. 22. Werkstück nach der Änderung, Werkstofferfersparnis 30%

1.5 Einsparung durch gemeinsamen Zuschnitt

Werkzeug: Folgeschnitt.

Diese Fertigungsart der Läuferbleche und Ständerbleche ist wirtschaftlich.

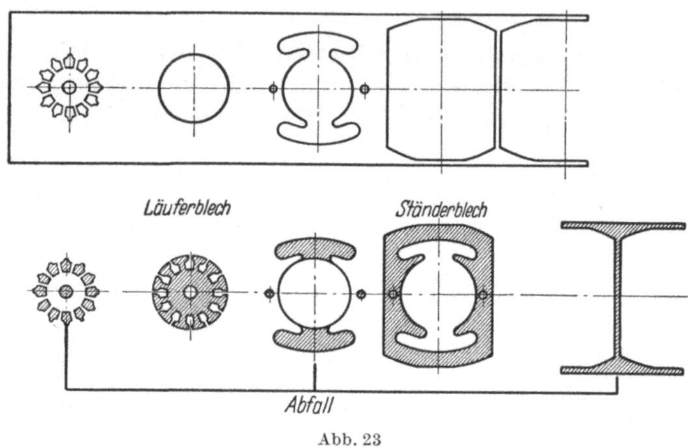

Abb. 23

1.6 Einsparung durch Verwendung von Mehrfachwerkzeugen

1.6.1 Lötösen in einem Verteiler Werkstoff Cu 0,5 (Abb. 24a—d)

Die Lötösen der ursprünglichen Form (Abb. 24a) wurden in einem Plattenführungsschnitt mit Vorlocher geschnitten und in eine zehnfache Einlegevorrichtung zum Eindrücken in die Halteplatte (Abb. 24b) eingelegt. Diese Einlegearbeit verursachte erhebliche Zeit. Der Werkstoffaufwand sowie der beträchtliche Aufwand an Zeit für das Einfädeln und die Montagearbeit veranlaßten den Konstrukteur, die Ausführung des Verteilers umzugestalten.

Der erste Schritt der Weiterentwicklung war eine Lötöse nach Abb. 24c. Aber auch bei dieser Ausführung wäre das lästige Einzeleinlegen der Lötösen wie im vorhergehenden Fall nicht erspart geblieben (Abb. 24d).

Zwischenlösung. Im Laufe der Entwicklung entstand die Lötöse nach Abb. 25 bzw. der Lötstreifen nach Abb. 26. Bemerkenswert bei dieser Ausführung ist die abfallose Herstellung des Schnitteiles, was bei der Form des Kontaktes nach den Abb. 24c nicht möglich gewesen wäre. Außerdem ist man durch die neue Formgebung der Lötöse in die Lage versetzt, 12 Kontakte mit einem Steg zu verbinden (Abb. 26), der später

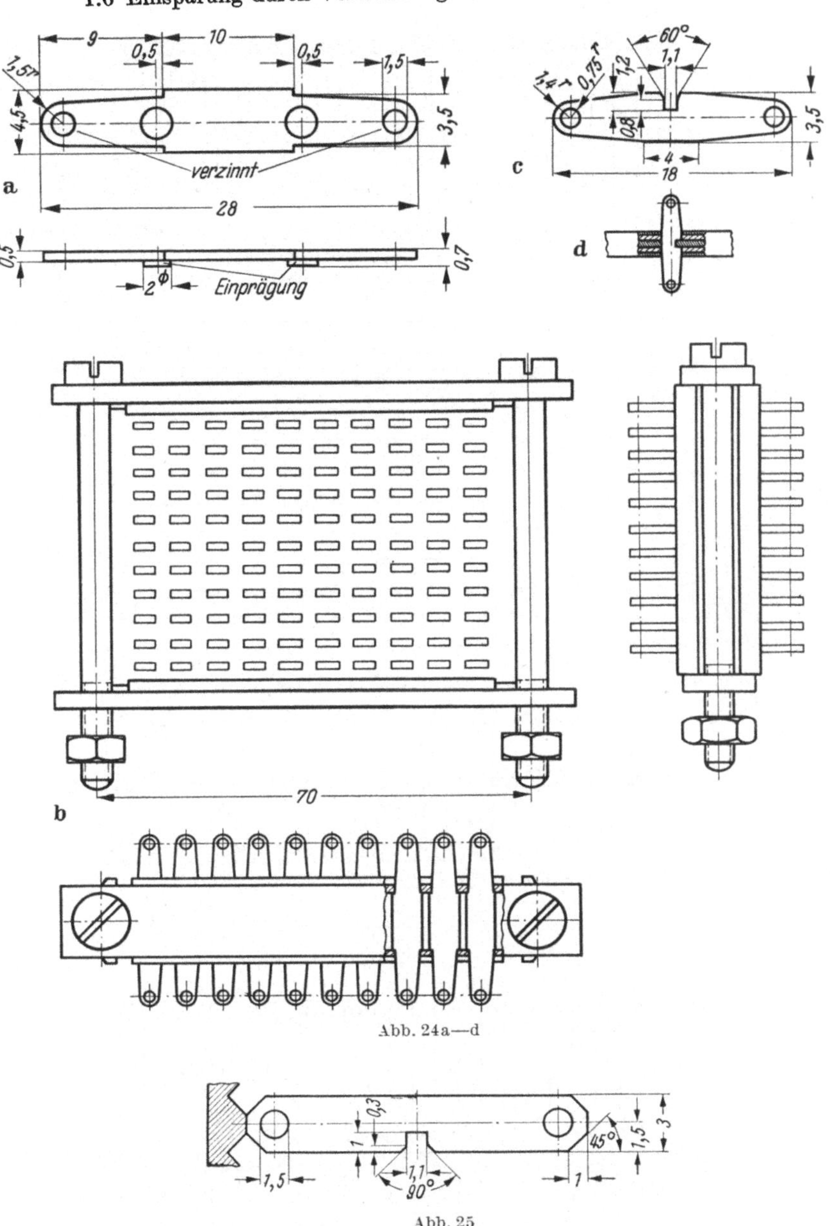

das Einlegen sowie das Einfädeln bei der Montage des Verteilers (Abb. 27) wesentlich erleichtert und somit zur Senkung der Herstellkosten des fertigen Verteilers führt. Der Steg wird nach der Montage des Verteilers mit einem lamellierten Abschneider entfernt.

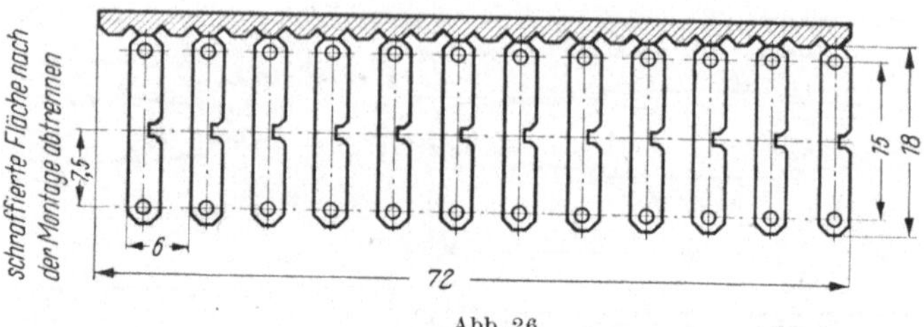

Abb. 26

Abb. 27

Abb. 28

Endgültige Ausführung. Zwei Lötösenstreifen (Abb. 26) werden in einem Folgeschnitt mit Seitenschneider in einem Arbeitshub hergestellt (Abb. 28). Der Schnittstempel in der Form des fertigen Lötösenstreifens schneidet einen kompletten Lötösenstreifen (in die Schnittplatte). Die hintere, gerade Kante des Stempels trennt beim gleichen Arbeitshub den doppelten Haltesteg genau in der Mitte, so daß der zweite Lötösenstreifen auf einer angefrästen schiefen Ebene herunter gleiten kann. Bei jedem Pressenhub fallen also zwei fertige Schnittstreifenteile heraus. Die Vorlocherstempel sind versetzt angeordnet, damit keine gefährdeten Querschnitte in der Schnittplatte entstehen.

Der Werkstoffverbrauch für einen hundertzehnteiligen Verteiler in der neuen Ausführung wurde dabei um 35% gegenüber der früheren Ausführung gesenkt. Die eingesparte Fertigungszeit beträgt bei dem neuen Verteiler gegenüber der früheren Fertigung mit einzelnen Lötösen 39%.

1.7 Einsparung durch Wahl anderen Vormaterials

Verwendung von Profilen zwecks Einsparung mechanischer Arbeit.

1.7.1 Sicherungshalter (Abb. 29a u. b)

An dem Beispiel der Fertigung eines Sicherungshalters wird gezeigt, wie durch Wahl eines anderen Vormaterials und eine kleine konstruktive Änderung Werkstoff und Zeit gespart werden können. In der *bisherigen*

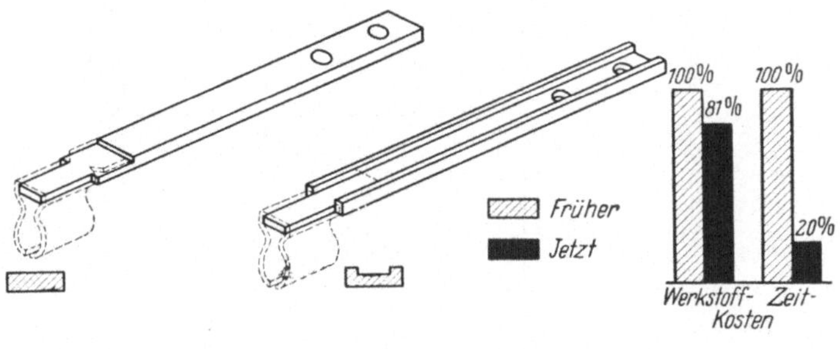

Abb. 29a u. b

Ausführung (Abb. 29a) wurde Flachstahl nach DIN 174 verwandt, während für die *neue Ausführung* (Abb. 29b) gezogener Formstahl verarbeitet wurde. Die Ersparnisse hierbei betrugen an Werkstoff 19%.

1.8 Einsparung an Werkstoff durch Verrippung

1.8.1 Steg (Abb. 30)

Werkstoff in Abb. 30 über 50% durchziehen und auf Gewindehöhe achten. Das Loch für das Gewinde M 5 wurde früher gebohrt, jetzt geschnitten. Zeit-Ersparnisse: 20%.

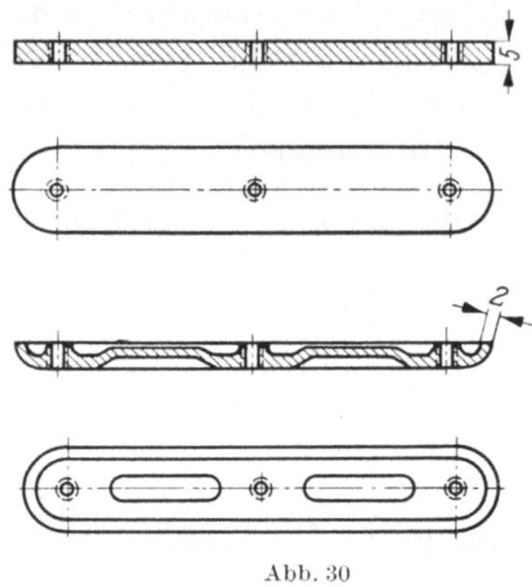

Abb. 30

1.8.2 Winkel (Abb. 31)

Trotz geringerer Werkstoffdicke ist durch Verrippung gleiche Stabilität erreicht. Werkstoffdicke früher 3 mm, jetzt 1,5 mm; Werkstoff-Ersparnis: 50%.

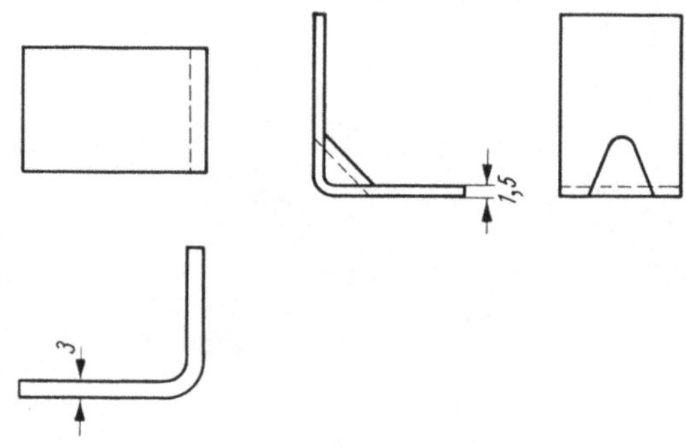

Abb. 31

1.8.3 Winkel (Abb. 32)

Werkzeug: Schnitt mit Vorlocher. Rippenstanze, Hochzugstanze.

Werkstoffverbrauch: 1660 mm² je Teil; 33 Teile/m.

Winkel aus dünnem Werkstoff erhalten durch Rippen und Umbiegen der Kanten hohe Stabilität.

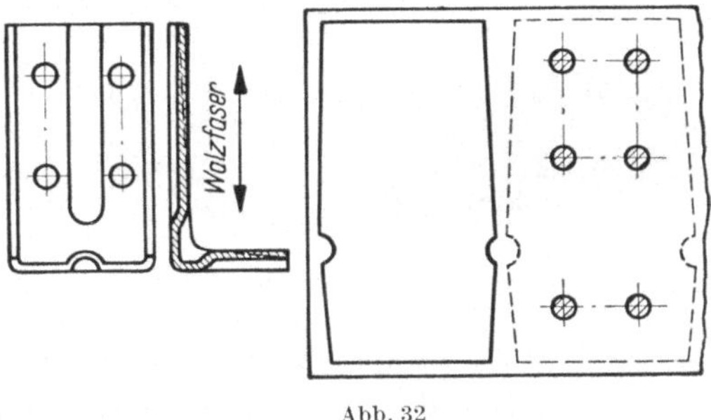

Abb. 32

1.9 Erhöhung der Seitensteifigkeit an einem Hohlkörper

In Abb. 33 wird ein Hohlkörper gezeigt, der durch Umformung ein hohes Widerstandsmoment erhalten hat. Hierbei stützen die ausgescherten Zangen die Seitenwände ab und erhöhen die Seitensteifigkeit.

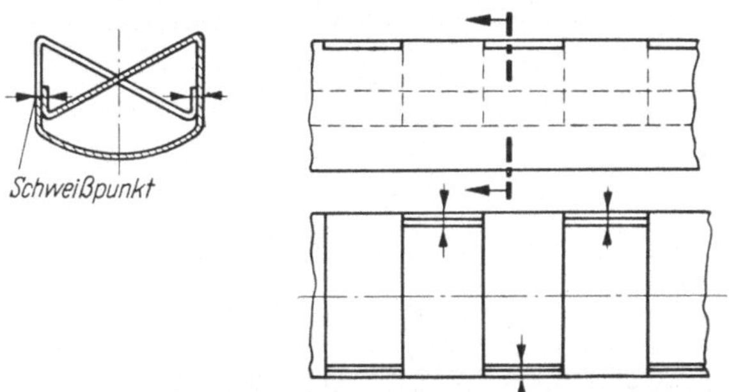

Abb. 33. Erhöhung der Seitensteifigkeit an einem Hohlkörper

1.10 Doppelblech nach Insektenflügelbauart

Es sei noch auf das Doppelblech nach Insektenflügelbauart hingewiesen. Die Technik fordert im Brückenbau, im Fahrzeugbau und im Flugzeugbau immer wieder Gebilde, die bei einer außerordentlich hohen Biegefestigkeit ein möglichst geringes Gewicht bei ebenfalls möglichst geringer Bauhöhe aufweisen. Angelehnt an die Bauart eines Insektenflügels wurde das sogenannte Doppelblech nach Insektenflügelbauart entwickelt. Die Abb. 34 gibt einen Überblick über die Art der Umformung von Blechen, wie sie durch den Nachbau nach dem Insektenflügelmuster entstanden. — Zwei Feinbleche von z. B. 1 mm Dicke werden in regelmäßigen Abständen, die der örtlichen Beanspruchung zugeordnet und aus Abb. 35 zu ersehen sind, mit Warzen von etwa 4 bis 5 mm Höhe

2*

versehen und verschweißt. Bei Beanspruchung auf Biegung sind in den äußersten Phasen die größten Zug- bzw. Druckspannungen zu erwarten. Die Bleche nehmen also diese Zug- und Druckspannungen auf, während

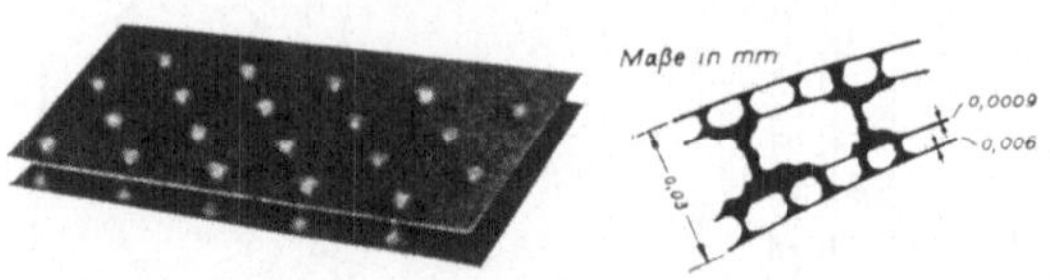

Abb. 34. Doppelblech nach Insektenflügelbauart (rechts: Querschnitt durch einen Insektenflügel)

die Schweißstellen nur mit Schubspannungen belastet sind. Es ist demnach das Material fortgelassen, das bei einer massiven Platte nur untergeordnete Kräfte übernehmen müßte. — Aus diesen Überlegungen und Untersuchungen ergibt sich nun, daß durch den Einsatz der Doppelbleche nach Insektenflügelbauart etwa 60% des aufgewandten Werkstoffes gegenüber massiven Platten eingespart werden können.

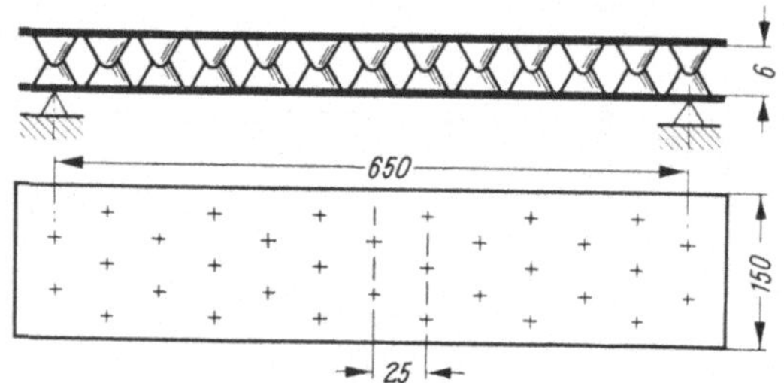

Abb. 35. Querschnitt durch Versuchsblech

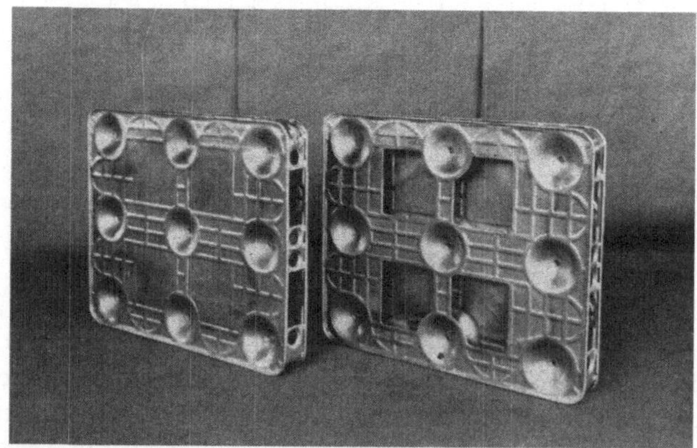

Abb. 36. Pallet nach Insektenflügelbauart — Das Ziehen der Kalotten und das Prägen der Sicken erfolgt in einem Arbeitsvorgang. Tragfähigkeit 2 Mp; Stapellast 8 Mp.

1.10.1 Callotan — ein werkstoffsparendes Bauelement hoher Biege- und Knickfestigkeit. Dieses unterscheidet sich gegenüber den bekannten Formgebungen vor allem dadurch, daß keine bevorzugten Trägheits-

Abb. 37. Vergrößertes Konstruktionselement nach Bild 36 — Die Berührungs-
punkte der Kalottenschalen sind durch Kugelschalen verstärkt

achsen und keine umgeformten geraden Linien entstehen, bei denen lediglich das Widerstandsmoment bzw. Trägheitsmoment der ebenen Platte angesetzt werden kann.

Nach einem bestimmten Verteilungsschema und Anordnungsplan werden Platinen mit kuppelförmigen, zweidimensional gewölbten Zellen-

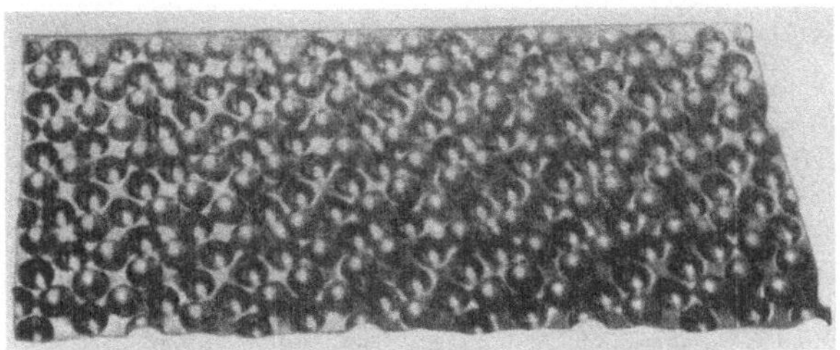

Abb. 37a. Blech im Calottan-Verfahren geformt

wänden — vorzugsweise konkav/konvex — mit definierten Kugeldurch-
messern und Prägetiefen so versehen, daß kein Schnitt durch das Bauelement gelegt werden kann, ohne gekrümmte Stellen zu schneiden, und
daß auf die Plattenebene projizierte Verbindungslinien der Scheitelpunkte
benachbarter Calotten vorzugsweise bei jeder dieser Calotten einen Winkel bilden.

Abb. 37a zeigt ein solches Blech, während Abb. 37b eine schematische,
zeichnerische Darstellung gibt. Abb. 37c ein 4faches Verbundelement,

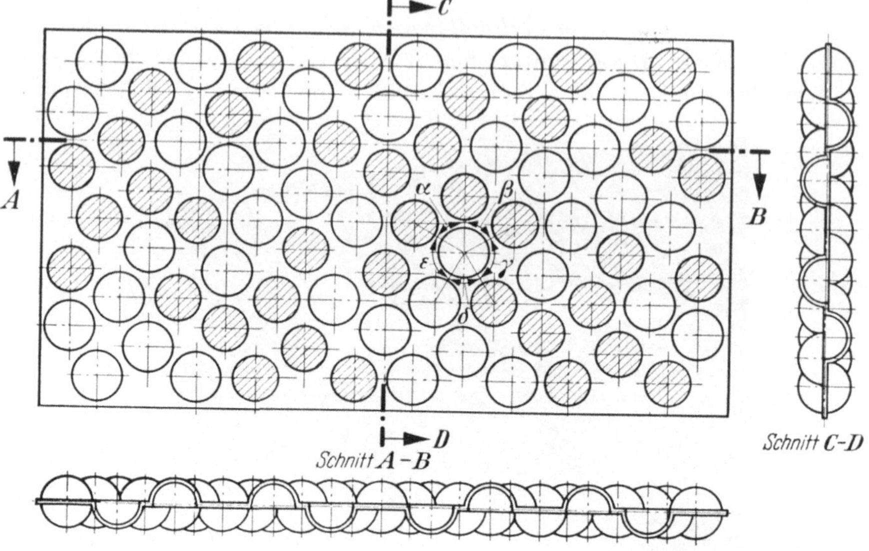

Abb. 37b. Schematische Darstellung eines nach dem Calotten-Verfahren hingestellten Bleches

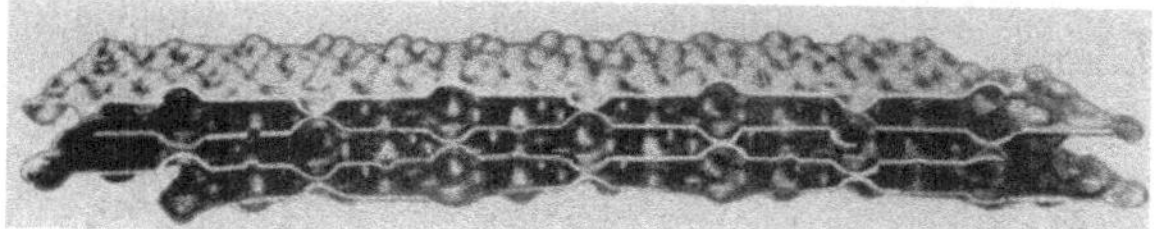

Abb. 37c. Verbundelement, 4-fach Calottan

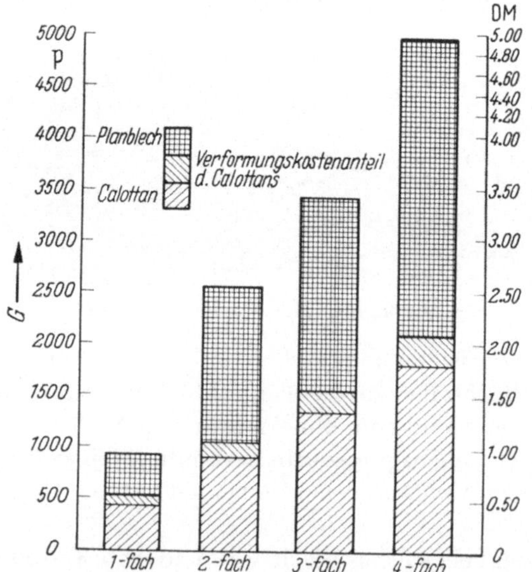

Abb. 37d. Gegenüberstellung der Gewichte und Fertigungskosten von Platten gleicher Steifigkeit

Abb. 37d die Gegenüberstellung der Gewichte und Fertigungskosten von Platten gleicher Steifigkeit.

1.11 Anordnung von Versteifungsrippen

Als Versteifung rechteckiger Platten sieht man häufig eine Anordnung nach Abb. 38 vor, wonach man die Sicken in paralleler Richtung zu den Seiten legt. Dort, wo die Sicken aus dem vollen Teil herausgeholt werden bzw. evtl. Sickengruben eingefräst werden, scheint diese Lösung empfehlenswerter als die teuren Ausführungen nach Abb. 38b und c.

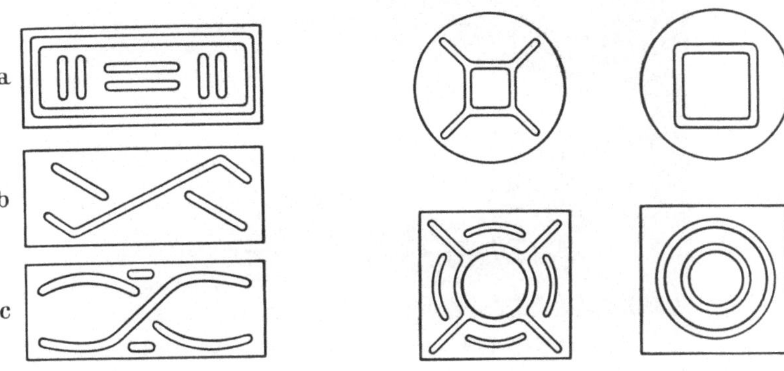

Abb. 38 a—c. Versteifungsmuster rechteckiger Platten

Abb. 39. Versteifungsmuster runder und quadratischer Platten

Hinsichtlich Steifigkeit sind die Lösungen b und c gegenüber a vorzuziehen. Die beste Versteifung ist dort zu finden, wo die Gestaltung des Rippenbildes vom äußeren Umfang der Blechplatte am meisten abweicht. Dies läßt sich auch auf Versteifungsmuster für runde und quadratische Platten übertragen. Nach Abb. 39 wurde in den runden Plattenumfang eine quadratisch geformte Rippenfigur, hingegen bei der quadratischen Platte eine runde Versteifung eingeprägt. Rippenausläufer, nach den Ecken zu entsprechend einer X-Form, erhöhen die Stabilität, insbesondere wenn sie beiderseits nicht wie hier angegeben in gleicher Richtung unter 45°, sondern zueinander versetzt unter 40° abgewinkelt verlaufen.

1.12 Anwendungsbeispiele aus der Praxis

Im nachstehenden werden einige praktische Anwendungsbeispiele gebracht:

Die einfachsten Bauteile sind Streben; hier kommt es darauf an, mit wenig Werkstoffaufwand eine hohe Steifigkeit zu erzielen. Entsprechend ihrer Beanspruchung auf Zug, Druck, Biegung oder Drehung müssen sie verschieden ausgebildet sein. Abb. 40 zeigt Säulen, die eine günstige Querschnittsform im Hinblick auf Druckbeanspruchung aufweisen.

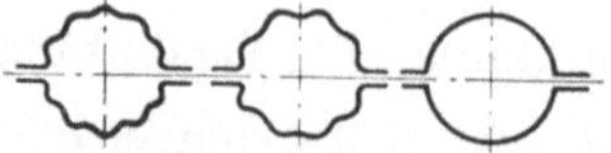

Abb. 40. Querschnitte von Säulen gegen Druckbeanspruchung

Abb. 41. Pallet zum Stapeln und Fördern von Gütern

Abb. 42. Pallet am Stapler

Praktische Beispiele für die Versteifung ebener Böden zeigen die Abb. 41 bis 42, nämlich *Pallets* zum Stapeln und Fördern von Gütern aller Art. Ein Pallet nach Insektenflügelbauart bringen die Abb. 36 und 37.

Oftmals werden die Seitenwände von *Behältern, Hub- und Stapelbehältern* und dgl. versteift (s. Abb. 43 bis 44). Bei Böden und Seiten-

Abb. 43. Stapelbehälter, aus gesicktem Stahlblech hergestellt und am oberen Rand besonders wulstartig verstärkt. Es eignet sich auf Grund seiner kräftigen Konstruktion für Transport und Lagerung von schweren Teilen

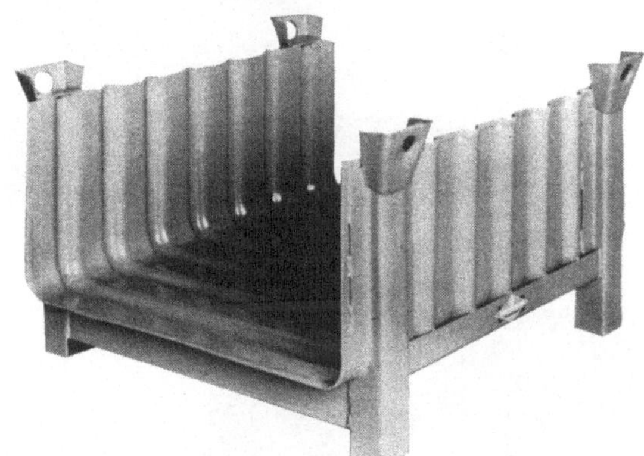

Abb. 44. Stapelgestell mit zwei Längswänden für Transport und Lagerung von sperrigen Gütern aller Art. Die Längswände und der Boden sind aus gesicktem Stahlblech in kräftiger Konstruktion hergestellt

Abb. 45. Zusammenlegbare Dauerfaltverpackung aus Stahlblech für Waren aller Art

wänden von Kraftfahrzeugteilen werden aus Gründen der Geräuschminderung Versteifungen vorgesehen.

Eine zusammenlegbare *Dauerfaltverpackung* aus Stahlblech für Waren und Transportmittel aller Art zeigt Abb. 45.

Bei *Kanistern* werden die durch das Fahren bedingten stoßartigen Kräfte von dem am weitesten hervorstehenden mittleren Rechteck

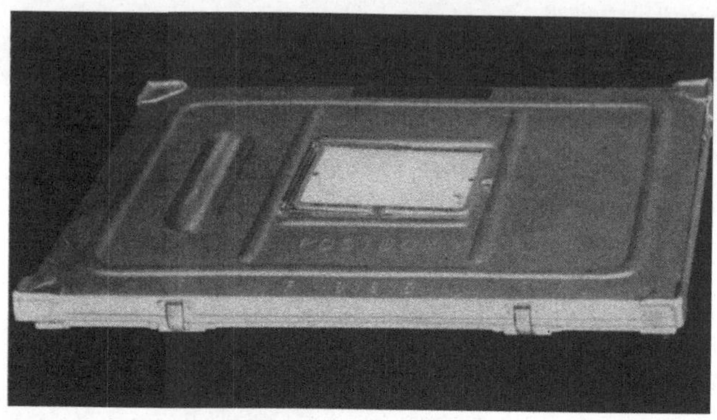

Abb. 45a
Zusammengelegte Dauerfaltverpackung aus Stahlblech für Waren aller Art

Abb. 45b.
Zusammenlegbare Dauerfaltverpackung

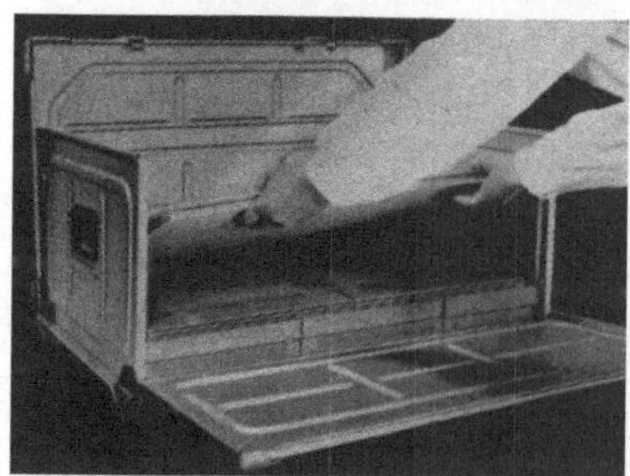

Abb. 45c.
Zusammenlegen der Dauerfaltverpackung

Abb. 45d.
zu Bilder 45b und 45c

Abb. 47. 10-Liter-Kanister für Wein

Abb. 46. 20-l-Kanister für Wasser oder Benzin

Abb. 48. Sickenfaß

a

b

Abb. 49a u. b. Anwendungsbeispiele
aus der Konservenindustrie

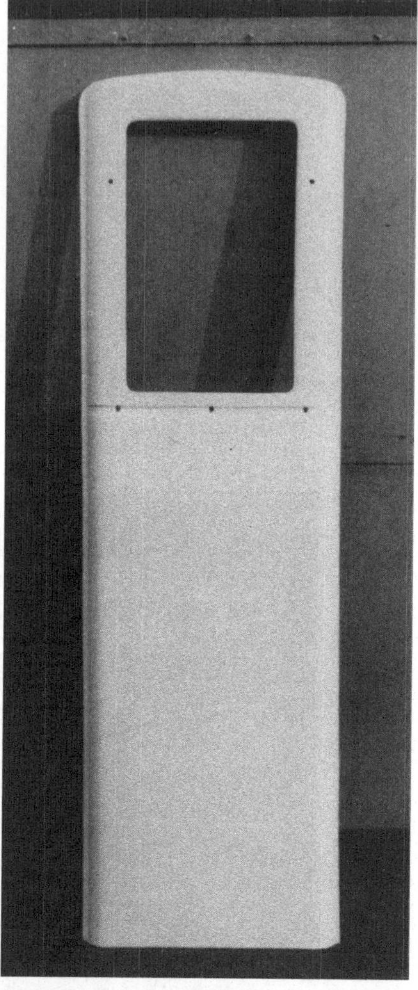

Abb. 50. Vorderwand für Tanksäulen. — Unter dem
Fensterausschnitt ist eine Sicke eingefügt, welche zur
Versteifung und Erhaltung der Form durch Emai-
lieren dient. Auch wirken sich dann an den unteren
Fensterecken die durch das Brennen gegebenen
Spannungen nicht für das Email nachteilig aus

abgefangen. Die nach außen verlaufenden Diagonalen wirken nach-
giebig (s. Abb. 46 und 47).

Teer-, Öl- und Benzin*fässer* erhalten um den Mantel herum Reifen,
auf denen die Fässer gerollt werden. Die eingeprägten Sicken haben die
Aufgabe, Einbeulungen zu verhindern, Längsrippen übernehmen außerdem Druckkräfte, die auf den Deckel wirken (s. Abb. 48 und 49).

Konservendosen werden häufig mit runden Wellen versehen. Sie dienen zur Versteifung und Aufnahme der Kräfte, die bei der Beförderung das Fördergut auf den Boden ausübt.

In Abb. 50 ist eine Vorderwand für *Tanksäulen* zu sehen. Unter dem Fensterausschnitt ist eine Sicke eingefügt, welche zur Versteifung und zur Erhaltung der Form beim Brennen dient. Auch wirken sich dann an den unteren Fensterecken die durch das Brennen gegebenen Spannungen nicht für das Email nachteilig aus.

Die vorstehenden Anwendungsbeispiele aus der Praxis zeigen, daß *Feinbleche* in der Fotoindustrie, im Apparate- und Behälterbau, in der Konservenindustrie, im Fahrzeugbau, im Maschinenbau usw., kurz *überall, gebraucht werden.* Aufgabe des Verbrauchers ist es, das Feinblech so wirtschaftlich wie nur möglich einzusetzen. Durch zweckentsprechende fertigungstechnische Maßnahmen liegt es in der Hand des Konstrukteurs und Fertigungsfachmannes, nicht nur funktionsmäßiges Verhalten, sondern auch Formschönheit zu erreichen.

Weitere Beispiele über die günstigste Ausnutzung des Schnitt- bzw. Stanzstreifens sind in dem AWF-Blatt 5971 enthalten. (Möglichkeiten der Werkstoffersparnis bei der Konstruktion, Wirtschaftlichkeitsbetrachtungen, Beispiele über Einfach- und Mehrfachschnitte, gebogene Teile, Teile mit Rippen, geschweißte Stanzteil-Konstruktionen).

2 Werkzeugbedingte Maßnahmen

Wahl eines anderen stanzereitechnischen Arbeitsverfahrens.

Arbeiten mit kombiniertem Werkzeug.

2.0.1 Kralle (Abb. 51a—51c)

Die Abb. zeigen die Fertigung einer Kralle in drei Entwicklungsstufen. Zuerst wurde die Kralle im Stufenwerkzeug einzeln gefertigt (Abb. 51a). In der zweiten Entwicklungsstufe fielen im Stufenwerkzeug zwei Werkstücke an (Abb. 51b). Es wurde wohl eine Zeitersparnis erreicht, jedoch erhöhte sich der Werkstoffverbrauch. Bei der dritten Entwicklungsstufe (Abb. 51c) wurde eine Lösung gefunden, wobei gleichzeitig Werkstoff- und Zeitersparnisse erreicht wurden.

Ersparnis der Fertigungszeiten: B gegen $A = 16{,}5\%$. C gegen $A = 39{,}5\%$.

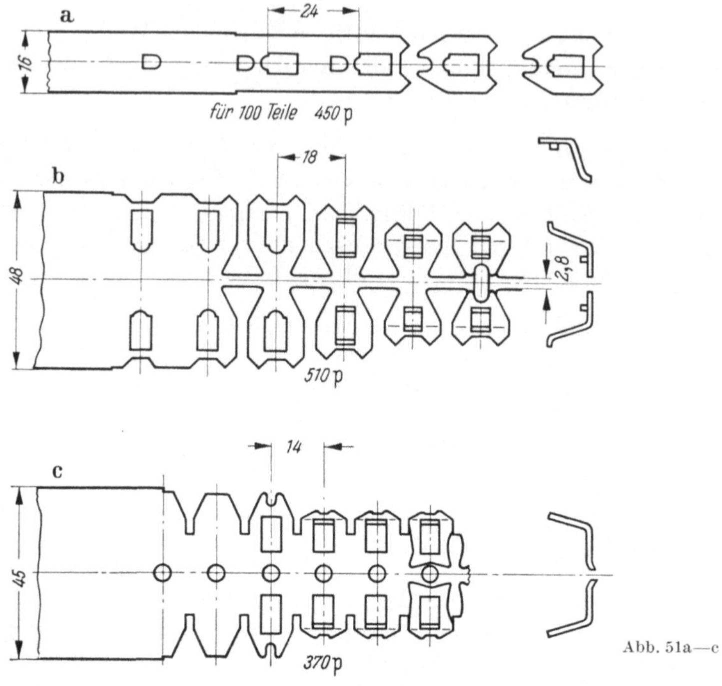

Abb. 51a—c

2.0.2 Lötöse (Abb. 52)

Früher: 3 Arbeitsvorgänge

Schneiden mit Vorlocher und
Prägen
Biegen I
Biegen II

Jetzt: 2 Arbeitsvorgänge

Schneiden
und
Fertigrollen mit Folgewerkzeug

Zeitersparnis: 87%.

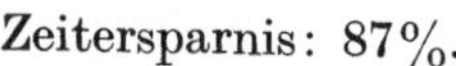

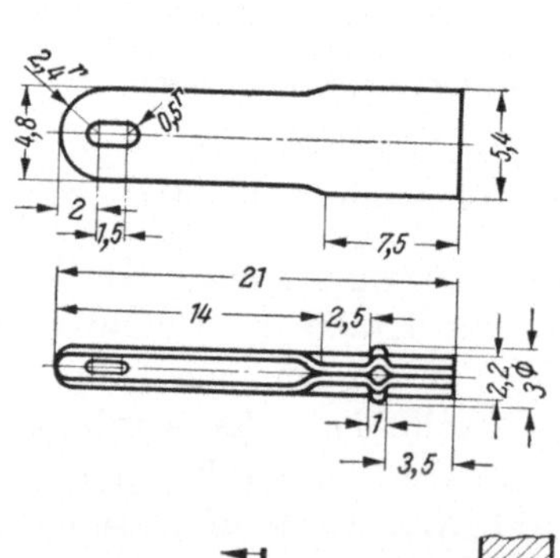

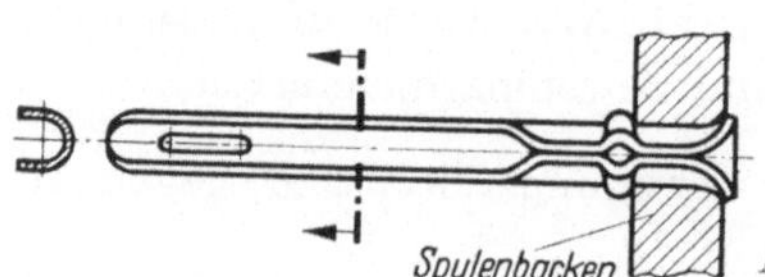

Abb. 52

2.0.3 Lötplatte (Abb. 53)

Früher: 3 Arbeitsvorgänge

Schneiden im Gesamtschnitt,
Fischhaut planen,
Löcher entgraten

Jetzt: 1 Arbeitsvorgang

Schneiden, Fischhaut planen und
Löcher schneiden mit Folgeschnitt

Zeitersparnis: 74,3%.

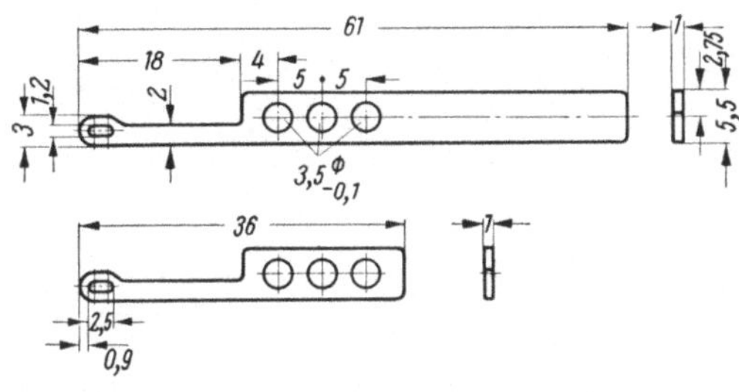

Abb. 53

2.0.4 Glockenschale (Abb. 54)

Früher: 3 Arbeitsvorgänge

Schneiden mit Vorlocher
Biegen I
Biegen II

Jetzt: 2 Arbeitsvorgänge

Komplett schneiden,
lochen und biegen mit Folgewerk-
werkzeug auf Stanzautomat

Zeitersparnis: 90%.

Bemerkung: Teile können auch in einem Arbeitsvorgang hergestellt
werden.

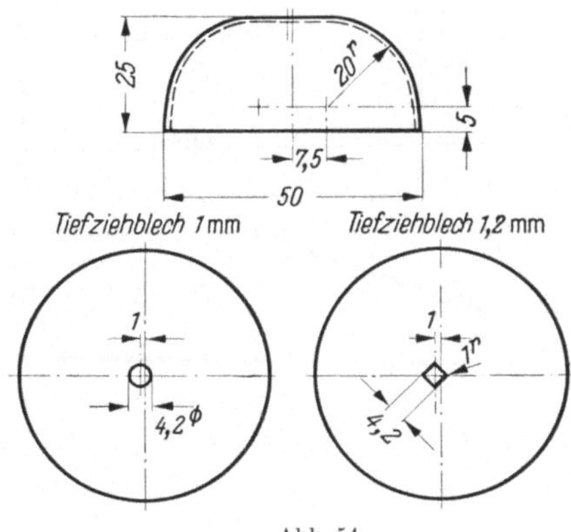

Abb. 54

2.0.5 Anschlußklemme (Abb. 55)

Früher: 3 Arbeitsvorgänge   *Jetzt:* 2 Arbeitsvorgänge

Schneiden mit Vorlocher   Komplett schneiden

Biegen I   lochen und biegen mit Folgewerk-

Biegen II   zeug und Stanzautomat

Zeitersparnis: 91 %.

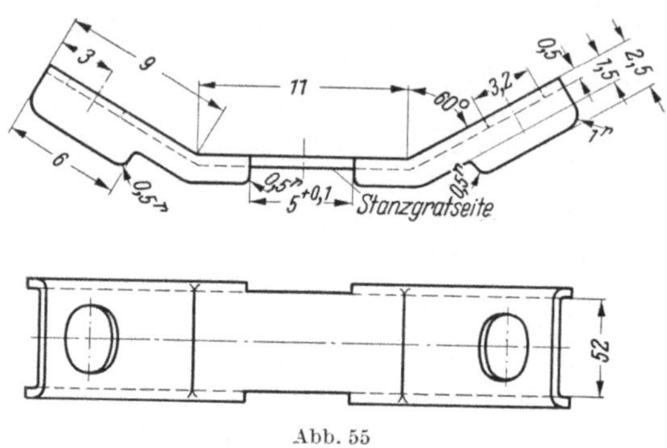

Abb. 55

2.0.6 Klammer (Abb. 56)

Die Abb. zeigt die Gegenüberstellung der Fertigung eines Werkstückes mit Einzelwerkzeugen und mit einem Verbundwerkzeug. Die

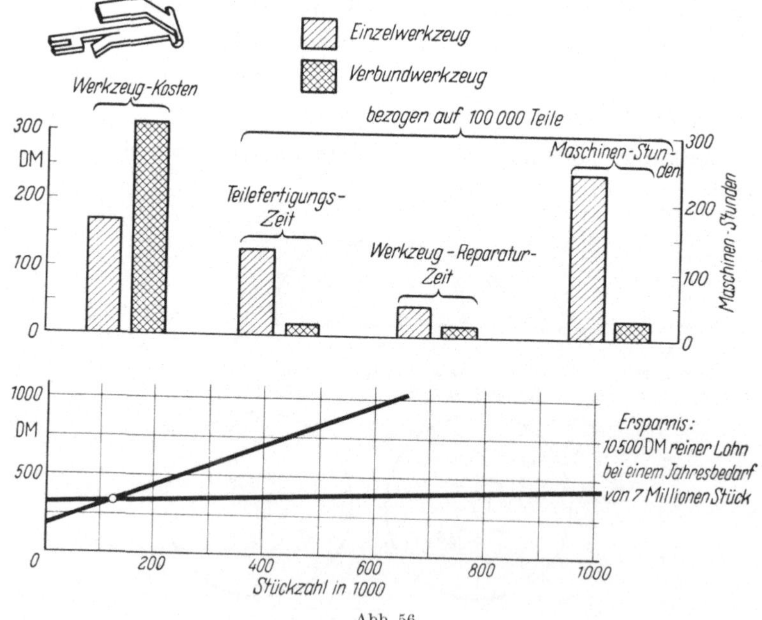

Abb. 56

Kosten für das Verbundwerkzeug sind wohl doppelt so groß wie die der
Einzelwerkzeuge. Die Teilefertigungszeit hingegen sinkt um 87%, die
Zeit der Werkzeugreparatur um 62% und die Maschinenzeit um 89%
(s. Abb. 56).

2.0.7 Scheibe

Es ist eine Scheibe von 50 mm $\varnothing$ und 1 mm Dicke herzustellen. Zu
fertigende Stückzahl: 26 800 Stück.

Früher:	*Jetzt:*
1. Zuschneiden der Streifen rd. 57 mm breit	1. Zuschneiden der Streifen 146 mm breit
2. Ausschneiden	2. Ausschneiden, Schnitt dreifach.

Die nachstehende Tabelle zeigt die Ersparnisse:

	Früher	Jetzt	Einsparung	in %
Aufwand an Zeit in Stunden	38	12	26	68
Erforderliche Hubzahl je Stück	1,03	0,32	0,71	69
Maschinenbesetzung in %	19	6	—	—
Werkstoffbedarf in kg/100 Stück	2,4	2,2	0,2	8,5

2.0.8 Einzelteile eines Weckers (Abb. 57a—f)

Die folgende Tabelle zeigt je 3 Fertigungsmöglichkeiten der Einzelteile: Glockenschale Abb. 57a, Träger Abb. 57b, Klöppel Abb. 57c und
Platte Abb. 57d. (Tab. 1 s. S. 35.)

Die Zahlen für Lohn- und Gemeinkosten für 100 Teile und die der
Kosten für die Werkzeuge ermöglichen, die wirtschaftliche Losgröße und
das wirtschaftlichste Herstellungsverfahren zu ermitteln. Abb. 57g zeigt
bei welchen Stückzahlen die Herstellungsverfahren ausgetauscht werden
können. Abb. 57e zeigt bildlich die Herstellungsweise „mit einfachem
Werkzeug" in 7 Arbeitsvorgängen; Abb. 57f stellt die beiden „Spezial-
werkzeuge" für 2 Arbeitsvorgänge dar.

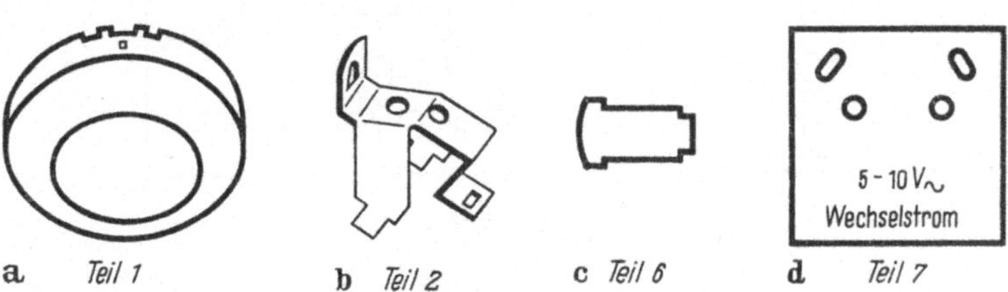

Abb. 57a—d.
a Glockenschale, b Träger, c Klöppel, d Platte

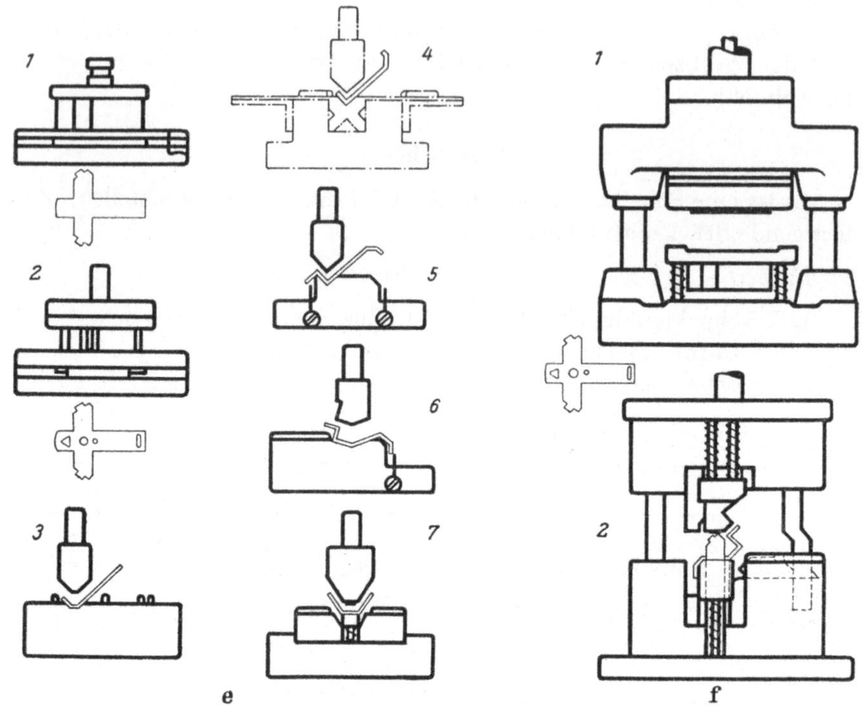

Abb. 57e—f. Güte 2: mit Einfachwerkzeugen
Güte 1: mit Spezialwerkzeugen

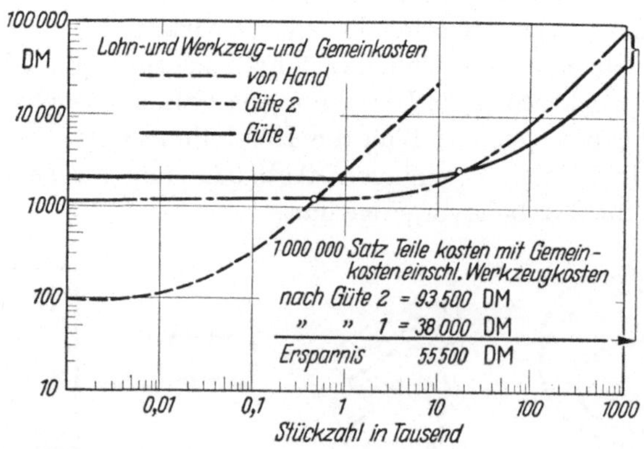

Abb. 57g

Tabelle 1

3*

| Einzelteil | von Hand mit Hilfswerkzeug | | | mit einfachen Werkzeugen | | | mit Spezial-Werkzeugen | | |
| | Arbeitsvorgang | Kosten für | | Arbeitsvorgang | Kosten für | | Arbeitsvorgang | Kosten für | |
		100 Teile	Werk-zeug		100 Teile	Werk-zeug		100 Teile	Werk-zeug
Glockenschale Abb. 57a	zuschneiden drücken und abstechen Ausschnitte u. Kanten feilen streichen	% 66,6	% 16,6	1. ausschneiden 2. ziehen 3. planieren 4. abstechen 5. Ausschnitte schneiden 6. spritzen	% 56,7	% 39,8	1. schneiden, ziehen, planieren u. stempeln 2. beschneiden u. Ausschnitte schneiden 3. spritzen	% 73,6	% 46,—
Träger Abb. 57b	zuschneiden befeilen bohren ausfeilen biegeprägen	20,6	74,1	ausschneiden lochen 5 × biegen und prägen = 7 Arbeitsvorgänge	28,—	40,1	1. gesamt schneiden 2. biegen u. prägen = 2 Arbeits-vorgänge	14,7	34,4
Klöppel Abb. 57c	ausschneiden 3 × fräsen graten	7	—	ausschneiden (1fach)	1,6	8,6	1. ausschneiden (2fach am Automaten)	1,4	10,—
Platte Abb. 57d	zuschneiden 2 × bohren 2 × schlitzen gravieren	5,8	9,3	1. abschneiden 2. lochen 3. stempeln	13,7	11,5	1. vorlochen, stempeln und abschneiden	10,3	9,6
Lohn + Gemeink. für je 100 Teile: Kosten der Werkzeuge		100,—	100,—		100,—	100,—		100,—	100,—

2.0.9 Gehäusefuß. Ersparnis durch gleichzeitiges Beschneiden und Biegen (Abb. 58)

Früher: 2 Arbeitsvorgänge

Beschneiden 55 min je 100 Gehäuse
  (400 Füße)

Umlegen   55 min je 100 Gehäuse
  (400 Füße)

Jetzt: 1 Arbeitsvorgang

Beschneiden und Umlegen in einem Arbeitsvorgang

55 min je 100 Gehäuse (400 Füße).

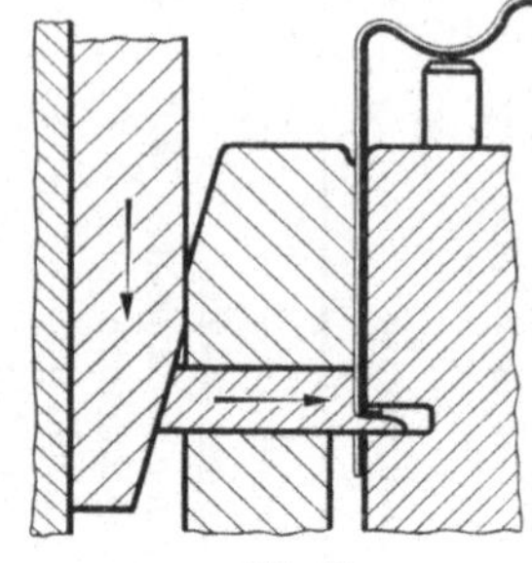

Abb. 58

Ersparnis: 50% der Fertigungszeit durch gleichzeitiges Beschneiden und Biegen; kein Ausschuß durch Reißen.

2.1.0 Kollektorbuchse (Abb. 59 u. 60)

Das eingelegte, unbearbeitete Werkstück wird in 4 Stufen bis zu seiner Fertigstellung von Hand weitergeschoben. Diese Fertigungsart bringt gegenüber Einzelarbeitsvorgängen, die ein wiederholtes Einlegen erfordern, bereits große Einsparungen. Durch Anwendung eines Stufenwerkzeuges (s. Abb. 60) können mehr als Dreiviertel an Zeit eingespart werden.

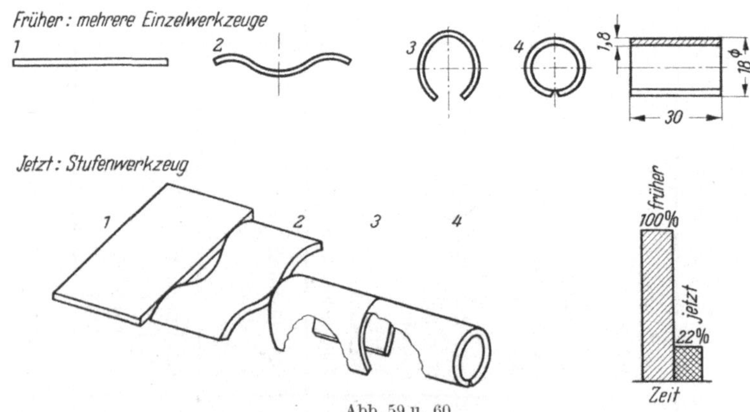

Abb. 59 u. 60

2.1.1 Lampenfassung (Abb. 61a—61b)

Früher: aus 4 Teilen   *Jetzt:* aus 1 Stück

Aus diesem Beispiel ist ersichtlich, wie bei Verwendung von Stufenwerkzeugen (Abb. 61a) durch Wegfall von Arbeitsvorgängen Zeit gespart werden kann, wobei außerdem das Werkstück bis zum Schluß im Streifen gehalten wird.

Eine gleichzeitige Konstruktionsänderung trägt nicht unwesentlich zur Minderung der Herstellungskosten bei (Abb. 61b).

Werkstoffersparnis: 68%

Zeitersparnis: 93%.

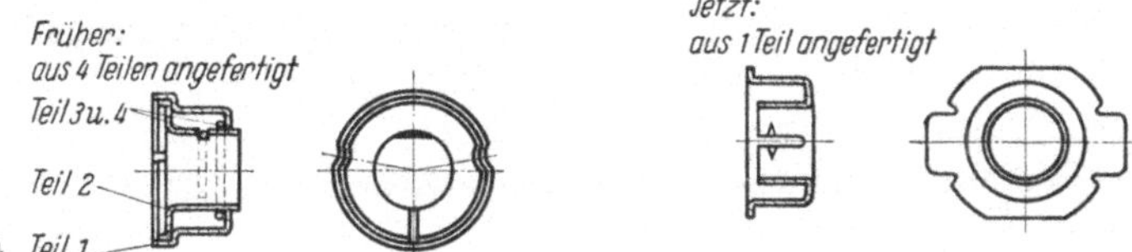

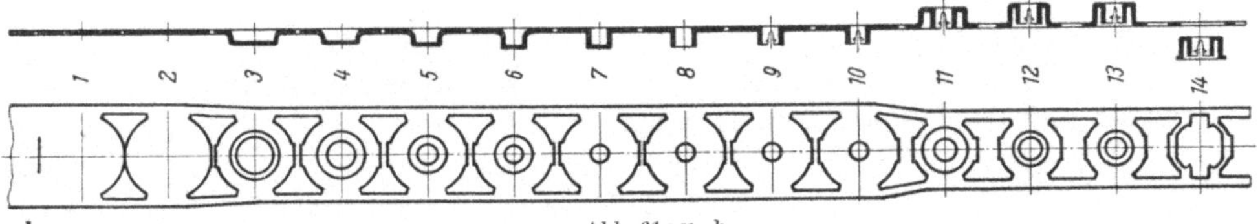

b

Abb. 61 a u. b

2.1.2 Lampenfassung (Abb. 62)

Früher: 5 Einzelwerkzeuge   *Jetzt:* Ein 7-stufiges Verbundwerkzeug

Platine ausschneiden:

1. Zug, 2. Zug, 3. Zug, 4. Zug und fertigschneiden.

Dieses Beispiel zeigt besonders, daß durch die Umstellung von Einzelwerkzeugen auf Verbundwerkzeuge bedeutende wirtschaftliche Erfolge erzielt werden können (Abb. 62). Zeitersparnis: 85%.

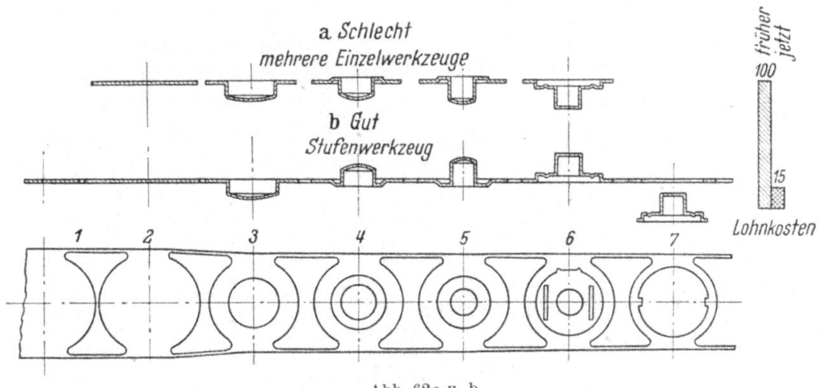

Abb. 62 a u. b

2.1.3 Flachschienen (Abb. 63a—c)

Zwei Flachschienen mit je verschiedenen Bohrungen sind herzustellen (Abb. 63a). Früher wurden 2 Werkzeuge benötigt (Abb. 63b), nach den neuen Ausführungen ist nur ein Werkzeug notwendig (Abb. 63c).

Früher: Zwei Werkzeuge, und zwar je 1 Schnitt mit Vorlocher und Abhacker

Werkstoff, Bandstahl 10 × 2,5 mm, großer Vorschub.

Jetzt: Ein Werkzeug, und zwar 1 Doppeltrennschnitt mit Doppelvorlocher, der beide Teile paarig gleichzeitig schneidet.

Werkstoff: Blechstreifen 110 × 1000 mm

kleiner Vorschub; wichtig bei Automatenarbeit!

Ersparnis: Werkstoff 5,5%

Fertigungszeit 50%.

Bei engen Toleranzen ist es empfehlenswert, von Band zu arbeiten! Nach Abb. 63b großer Vorschub, nach Abb. 63c kleiner Vorschub; dann besser gleich auf Automaten arbeiten!

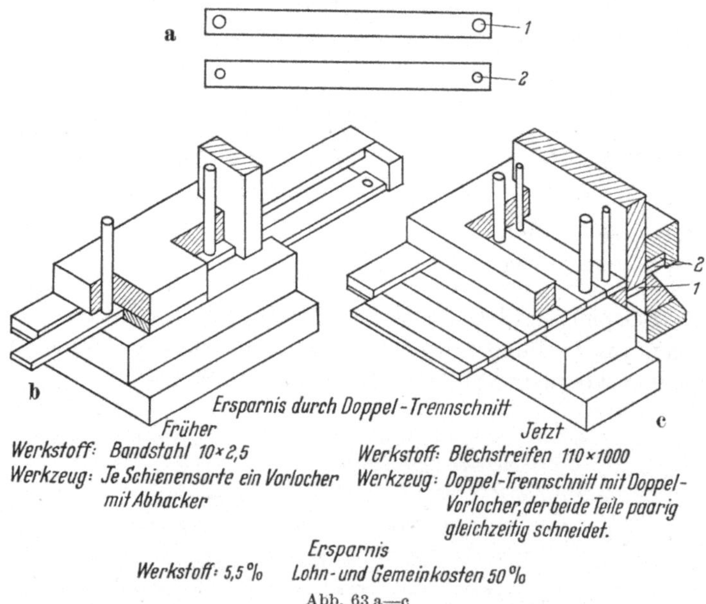

Abb. 63 a—c

2.1.4 Federteller (Abb. 64) Kombiniertes Werkzeug

Früher: Zwei Arbeitsvorgänge

1. Vorlochen und ausschneiden 0,040
2. Ziehen 0,100

0,140 min

Jetzt: Ein Verbundwerkzeug

1. Vorlochen, vorschneiden
   ziehen und ausschneiden   0,070

                     0,070 min

Ersparnis: 50%.

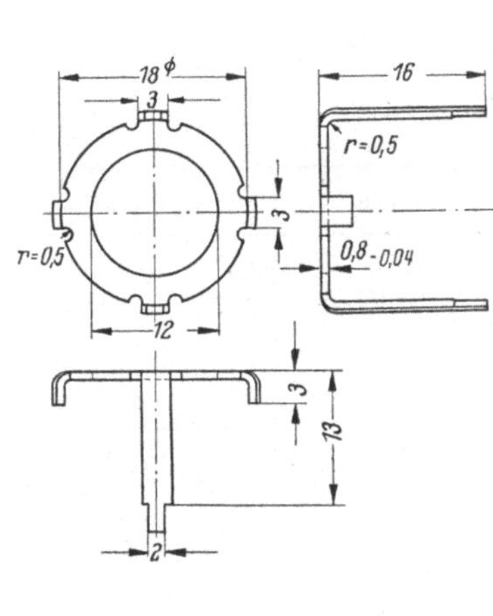

Abb. 64

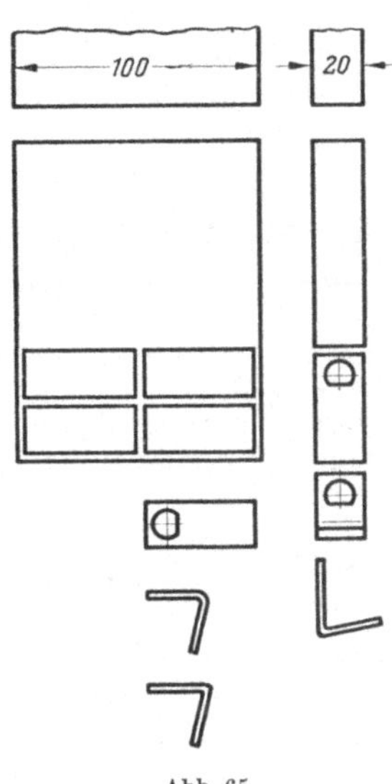

Abb. 65

2.1.5 Winkel (Abb. 65) ähnlich wie Beispiel 2.1.9

Arbeitsfolgen für anzufertigende Stückzahl von 20000:

Früher: 4 Arbeitsvorgänge

1. Streifen zuschneiden
   100 mm breit
2. Ausschneiden und lochen
   (wenden)
3. Biegen
4. Nachschlagen einzeln

Jetzt: 3 Arbeitsvorgänge

1. Streifen zuschneiden
   20 mm breit
2. Vorlochen, biegen und trennen
3. Nachschlagen (5 Stück einlegen)

	Früher	Jetzt	Einsparung	%
Aufwand an Zeit in Stunden	55	36	21	35
Erforderliche Hubzahl je Stück[1]	3,01	1,21	1,8	60
Maschinenbesetzung in %	27	18	—	33

Fußnote 1 s. S. 40.

2.1.6 Querträgerhalter (Abb. 66a u. b)

Arbeitsfolgen für anzufertigende Stückzahl von 25000:

Früher: 5 Arbeitsvorgänge
(Abb. 66a)

1. Streifen zuschneiden
   95 mm breit
2. Ausschneiden
3. Lochen
4. Abkanten Flansch
5. Abkanten übrige Flansche.

Jetzt: 2 Arbeitsvorgänge
(Abb. 66b)

1. Streifen zuschneiden
   87,5 mm breit
2. Folgewerkzeug

	Früher	Jetzt	Einsparung	%
Aufwand an Zeit in Stunden	176,7	104,1	72,6	42
Erforderliche Hubzahl je Stück[1]	4,04	1,04	3	74
Maschinenbesetzung in %	88	50	—	43

Abb. 66a u. b

2.1.7 Führungsblech (Abb. 67a u. 67b)

Arbeitsfolgen für anzufertigende Stückzahl von 12500:

Früher: 7 Arbeitsvorgänge
(Abb. 67a)

1. Streifen zuschneiden
2. Abschneiden auf 77 mm
   Breite
3. Biegen, U-Form
4. Lochen, großes Loch
5. Biegen 60° (2 Hübe)
6. Flachschlagen (2 Hübe)
7. Lochen, 7 kleine Löcher

Jetzt: 4 Arbeitsvorgänge
(Abb. 67b)

1. Streifen zuschneiden
   210 mm breit
2. Abschneiden und vorlochen
3. Biegen, U-Form
4. Flachschlagen

[1] Die Bruchteile bei den Hüben entstehen durch die Zuschneidearbeiten, da im Streifen stets mehrere Teile enthalten sind.

	Früher	Jetzt	Einsparung	%
Aufwand an Zeit in Stunden	174,5	95	79,5	45
Erforderliche Hubzahl je Stück	8,08	3,08	5	62
Maschinenbesetzung in %	87	47	—	46[2]
Maschinenzeit in min	21,3	3,9	—	81,5
Handzeit in min	62,5	41,7	—	33

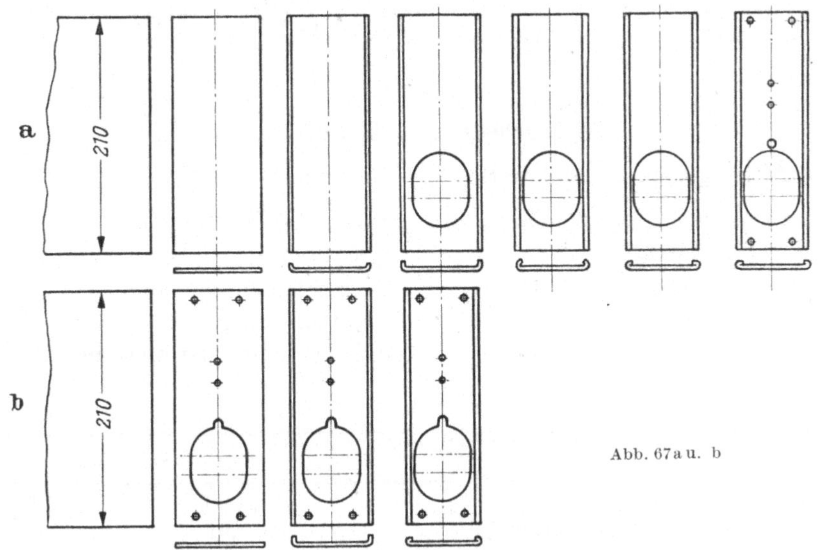

2.1.8 Nußhälfte (Abb. 68a u. b)

Arbeitsfolgen für anzufertigende Stückzahl von 100000:

Früher: 4 Arbeitsvorgänge
(Abb. 68a)

1. Streifen zuschneiden
42 mm breit
2. Ausschneiden (doppelt)
3. Formen (doppelt)
4. Trennen.

Jetzt: 2 Arbeitsvorgänge
(Abb. 68b)

1. Streifen zuschneiden
30 mm breit
2. Formen und ausschneiden
Bei 1 Hub = 2 Teile

	Früher	Jetzt	Einsparung	%
Aufwand an Zeit in Stunden	218	86	132	60,5
Erforderliche Hubzahl je Stück	1,52	0,52	1	66
Maschinenbesetzung in %	109	43	—	60
Werkstoffbedarf für 100 Stück in kp	0,56	0,74	—	—

[2] besser ausgedrückt: frei werdende Kapazität für andere Maschinenarbeiten.

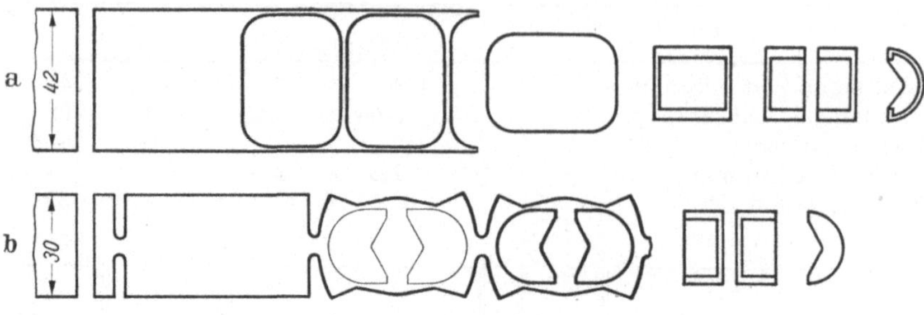

Abb. 68a u. b

2.1.9 Schelle (Abb. 69a u. b)

Arbeitsfolgen für anzufertigende Stückzahl von 26800:

Früher: 3 Arbeitsvorgänge
(Abb. 69a)

1. Streifen zuschneiden
   57 mm breit
2. Ausschneiden
3. Biegen.

Jetzt: 2 Arbeitsvorgänge
(Abb. 69b)

1. Streifen zuschneiden
   52 mm breit
2. Biegen und abschneiden

	Früher	Jetzt	Einsparung	%
Aufwand an Zeit in Stunden	61	39	22	36
Erforderliche Hubzahl je Stück	2,01	1,01	—	50
Maschinenbesetzung in %	30,5	19,5	—	36

2.2.0 Griff (Abb. 70a u. b)

Arbeitsfolgen für anzufertigende Stückzahl von 100000:

Früher: 10 Arbeitsvorgänge
(Abb. 70a)

1. Streifen zuschneiden
2. Auf Länge schneiden
3. Ziehen der Form
4. Beschneiden und lochen
5. Feilen der Lochungen
6. Rolle hochziehen
7. Rolle fertigschließen
8. Umrollen seitlich
9. Ende nachschlagen
10. Flansch hochkant nachschlagen

Jetzt: 5 Arbeitsvorgänge
(Abb. 70b)

1. Streifen zuschneiden
2. Ausschneiden und lochen
3. Formstanzen
4. Rolle schließen
5. Nachschlagen

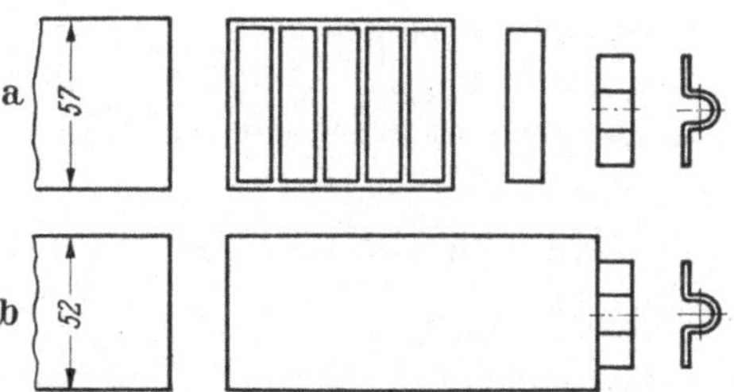

Abb. 69a u. b

	Früher	Jetzt	Einsparung	%
Aufwand an Zeit in Stunden	2800	784	2016	72
Erforderliche Hubzahl je Stück	8,25	4,25	4	48,5
Maschinenbesetzung in %	1400	380	—	73
Werkstoffbedarf in kp/100 Stück	48	45,3	2,7	5,6

Verwendete Maschinen	Früher	Jetzt
Tafelscheren	2	1
Doppelt wirkende Ziehpresse	1	—
Doppelständer Kurbelpresse	3	—
Einständer Kurbelpresse	3	4
	9 Masch.	5 Masch.

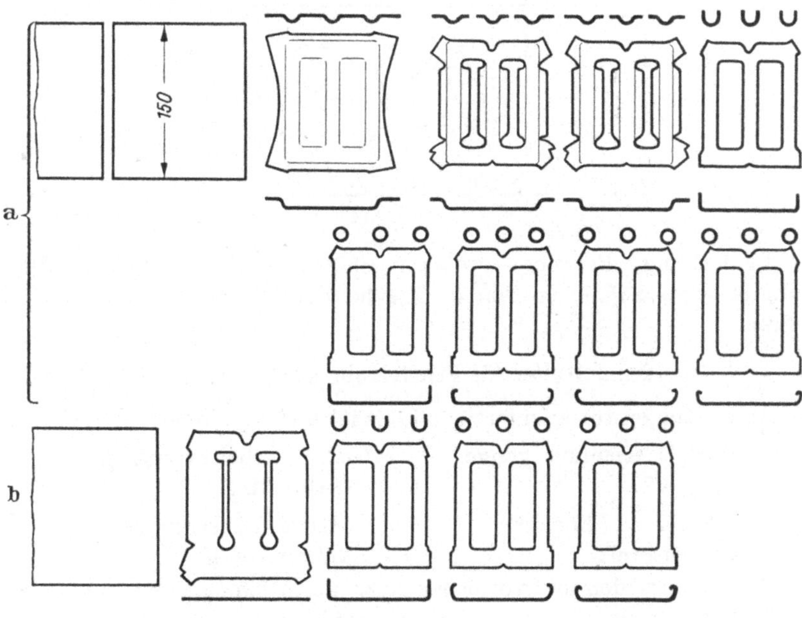

Abb. 70a u. b

Durch übertriebene Anforderungen an das Aussehen des Griffes entstanden unnötig viele Arbeitsfolgen. Lediglich durch zweckmäßige Gestaltung des Griffes konnte eine erhebliche Leistungssteigerung erzielt werden.

2.2.1 Kleine Tellerscheibe (Abb. 71a u. b)

Arbeitsfolgen für anzufertigende Stückzahl von 30000:

Früher: 3 Arbeitsvorgänge (Abb. 71a)

1. Streifen zuschneiden 25 mm breit
2. Ausschneiden und lochen
3. Form stanzen

Jetzt: 2 Arbeitsvorgänge (Abb. 71b)

1. Streifen zuschneiden 62 mm breit
2. Form stanzen und ausschneiden (dreifach)

	Früher	Jetzt	Einsparung	%
Aufwand an Zeit in Stunden	70,5	18	52,5	74,5
Erforderliche Hubzahl je Stück	2,02	0,31	1,71	84,6
Maschinenbesetzung in %	35	9	—	—

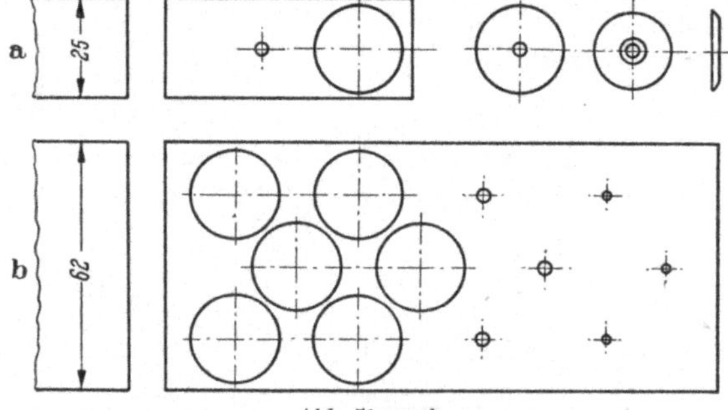

Abb. 71a u. b

Bemerkung: Bei noch größeren Stückzahlen kann ein Fünffach-Schnitt wirtschaftlicher sein (s. Taschenbuch SCHULER und Abschnitt 1.3.9).

2.2.2 Halter für Fensterrolle (Abb. 72a u. b)

Arbeitsfolgen für anzufertigende Stückzahl von 4000:

Früher: 3 Arbeitsvorgänge (Abb. 72a)

1. Streifen zuschneiden 40 mm breit
2. Ausschneiden und vorlochen
3. Form stanzen

Jetzt: 2 Arbeitsvorgänge (Abb. 72b)

1. Streifen zuschneiden 36 mm breit
2. Vorlochen, abschneiden und biegen

	Früher	Jetzt	Einsparung	%
Aufwand an Zeit in Stunden	10,5	5	5,5	52,5
Erforderliche Hubzahl je Stück	2,02	1,02	1	50
Maschinenbesetzung in %	19	4,8	—	75

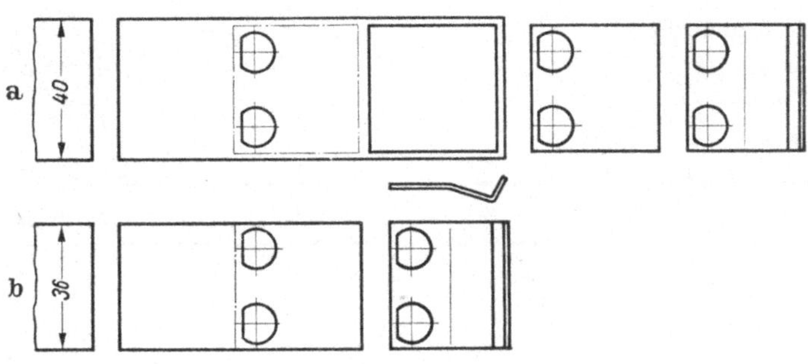

Abb. 72a u. b

2.2.3 Halter für Gewindeblock (Abb. 73a u. b)

Arbeitsfolgen für anzufertigende Stückzahl von 23000:

Früher: 4 Arbeitsvorgänge
(Abb. 73a)

1. Streifen zuschneiden
   68 mm breit
2. Ausschneiden
3. Vorbiegen
4. Fertigbiegen

Jetzt: 1 Arbeitsvorgang
(Abb. 73b)

1. Abschneiden und formen von
   Bandwerkstoff 12 mm breit

	Früher	Jetzt	Einsparung	%
Aufwand an Zeit in Stunden	130,4	50	80,4	62
Erforderliche Hubzahl je Stück	3,04	1	2,04	67
Maschinenbesetzung in %	65	25	—	62

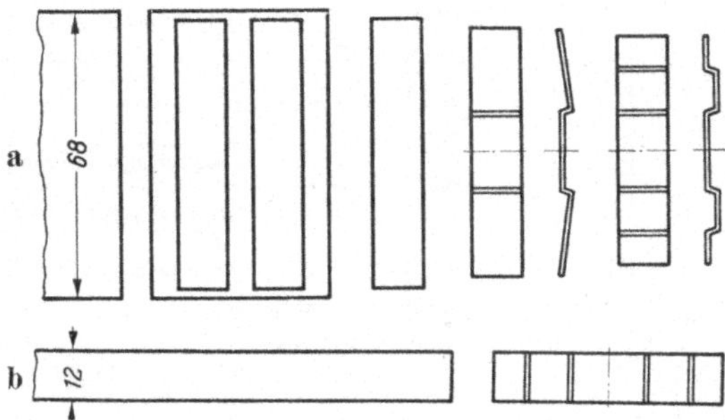

Abb. 73a u. b

2.2.4 Befestigungsschelle für Schalttafel (Abb. 74a u. b)

Arbeitsfolgen für anzufertigende Stückzahl von 15600:

Früher: 4 Arbeitsvorgänge (Abb. 74a)	*Jetzt:* 2 Arbeitsvorgänge (Abb. 74b)
1. Streifen schneiden 25 mm breit	1. Streifen schneiden 25 mm breit
2. Ablängen	2. Lochen, abschneiden und biegen
3. Lochen	
4. Biegen	

	Früher	Jetzt	Einsparung	%
Aufwand an Zeit in Stunden	63	12	51	81
Erforderliche Hubzahl je Stück	4,01	1,01	3	75
Maschinenbesetzung in %	31,5	6	25,5	81

2.2.5 Kontaktstück (Abb. 75a u. b)

Früher: 3 Einzelwerkzeuge   *Jetzt:* 1 Verbundwerkzeug

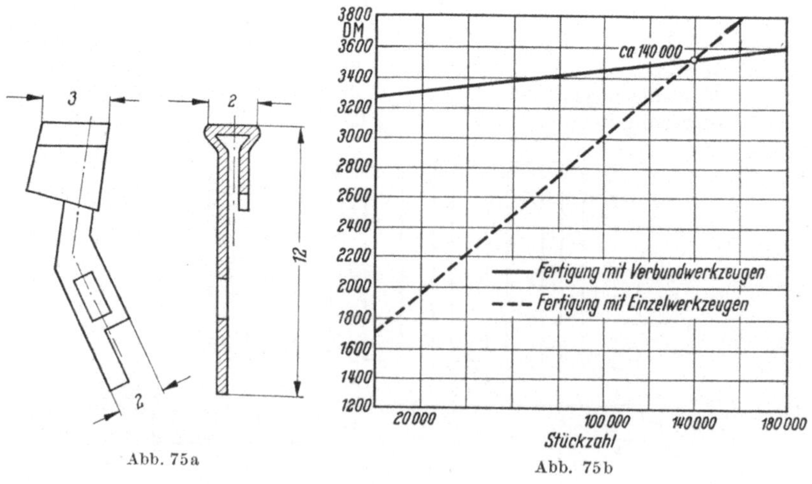

Abb. 75a   Abb. 75b

	Werkzeug-kosten DM	Fertigungs-kosten °/₀₀		Werkzeug-kosten DM	Fertigungs-kosten °/₀₀
1. Vorlochen und Schneiden	751,—	1,25	Verbund-werkzeuge	3300,—	1,55
2. Biegen I	555,—	5,05			
3. Biegen II	434,—	6,40			
	1740,—	12,70		3300,—	1,55

2.2.6 Magnetkernblech (Abb. 76a—e)

Das zu schneidende Magnetkernblech besteht aus 2 Teilen (s. Abb. 76a).

Abb. 76b *2* Werkzeuge   *großer* Werkstoffabfall
Abb. 76c *1* Werkzeug   *geringer* Werkstoffabfall
Abb. 76d *1* Werkzeug   *ohne* Abfall.

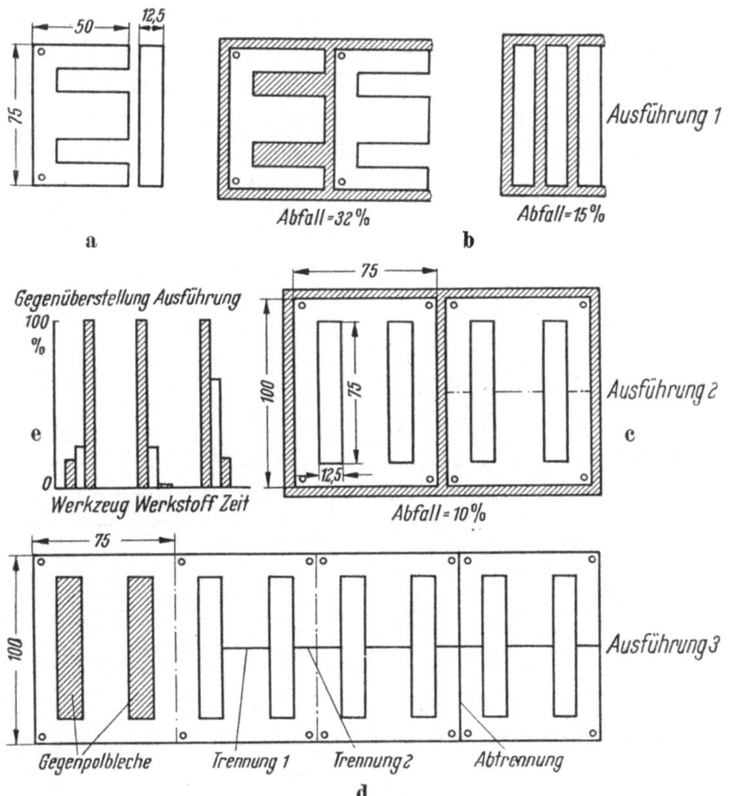

Abb. 76a—e

Ein Vergleich in % für Werkzeug, Werkstoff und Zeit zeigt Abb. 76e. Aus diesem ist zu ersehen, daß, trotzdem die Werkzeugkosten wesentlich anstiegen, ein beträchtlicher Zeitgewinn beim Schneiden der Bleche erzielt wird, der sich mit steigender Stückzahl besonders günstig auswirkt.

Bemerkung: Im ersten Arbeitsvorgang werden die Gegenpolbleche und auch die runden Löcher geschnitten, also besteht hier Deckungsgleichheit. Das Durchschneiden erfolgt nur mit Messern. Der Nachteil besteht hier nur darin, daß mit Handvorschub gearbeitet werden muß.

2.2.7 Ösen, auf Zahnstangenpresse hergestellt (Abb. 77a—c)

Bisher wurden die Ösen in 3 Arbeitsvorgängen mit 3 getrennten Werkzeugen auf Exzenterpressen hergestellt. Durch Verwendung einer Zahnstangenpresse mit beliebiger Hubhöhe konnte die Anfertigung durch Vereinigung der Werkzeuge in ein einziges vereinfacht werden. In Stufe 1 wird auf das eingelegte Material ein Dorn gelegt, der nach erfolgtem Druck liegen bleibt (Abb. 77a). Für den weiteren Arbeitsvorgang (Stufe 2) wird für die obere Ösenhälfte ebenfalls ein Dorn eingelegt und die beiden Ösenenden werden mit dem Finger zusammengebogen (Abb. 77b). Der Fertigdruck erfolgt in Stufe 3 (Abb. 77c). Werkzeug- und Zeitersparnis gegenüber früher ca. 33%.

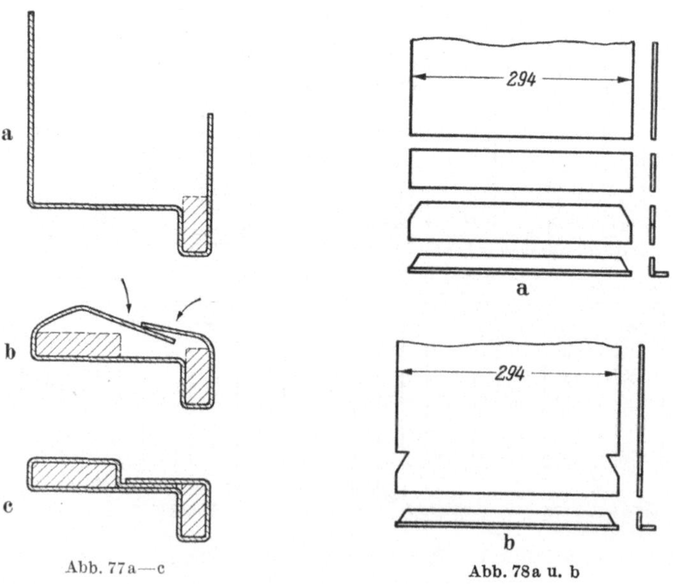

Abb. 77a—c   Abb. 78a u. b

2.2.8 Leiste (Abb. 78a u. b)

Arbeitsfolgen für anzufertigende Stückzahl von 25000:

Früher: 4 Arbeitsvorgänge
(Abb. 78a)

1. Streifen zuschneiden
   294 mm breit
2. Ablängen
3. Abklinken der Ecken
   2 Hübe
4. Biegen

Jetzt: 2 Arbeitsvorgänge
(Abb. 78b)

1. Streifen zuschneiden
   294 mm breit
2. Ausklinken Ecken, Biegen und
   Abschneiden

	Früher	Jetzt	Einsparung	%
Aufwand an Zeit in Stunden	150	33	117	78
Erforderliche Hubzahl je Stück	4,01	2,01	—	—
Maschinenbesetzung im Monat in Prozenten	75	17	—	—

2.2.9 Hartmetallbestückte Schnittwerkzeuge

Zu erwähnen sind noch die *Hartmetallschnittwerkzeuge*, deren Anwendung wirtschaftlich gerechtfertigt ist, wenn die Anschaffungs- und Bearbeitungskosten des Hartmetalles durch die längere Lebensdauer und die größere Schnittleistung der damit bestückten Werkzeuge ausgeglichen werden. Der Hauptvorteil der Hartmetall-Schnittwerkzeuge ist ihre hohe Standzeit. Die hohen Standzeiten, die bessere Ausnutzung der Maschinen sowie der verringerte Zeitaufwand für Einbau und Schleifen machen den Einsatz der Hartmetallwerkzeuge wirtschaftlich.

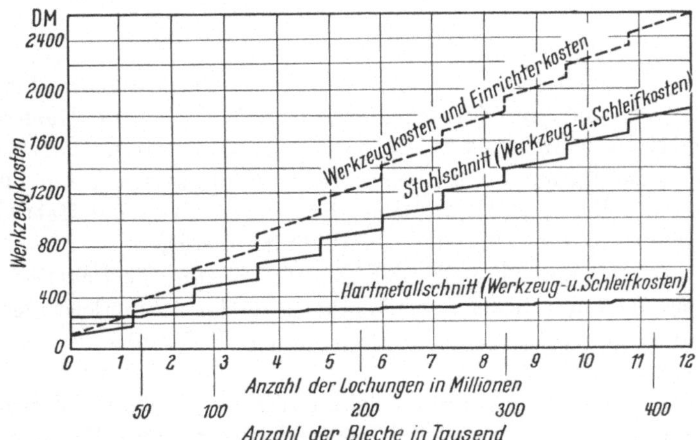

Abb. 79. Leistungsvergleich zwischen Stahl und Hartmetallschnitten für Nutenschnitt bei Verwendung der Hartmetallwerte GT 40

Einen *Leistungsvergleich* zwischen Stahl- und Hartmetallschnitten zeigen die Abb. 79 und 80. Als Beispiel zeigt das Diagramm Abb. 79 in Abhängigkeit von der Anzahl der Lochungen einen Leistungsvergleich zwischen sogenannten Nutenschnitten mit Stahl- und Hartmetallbestückung. Die stark ausgezogene Linie in Treppenform für Stahl-

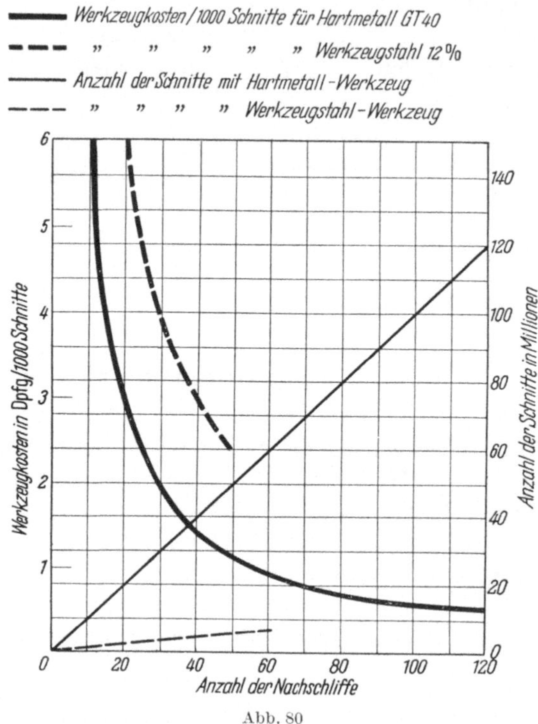

Abb. 80

schnitte stellt die Werkzeug- und Schleifkosten, die strichlierte Linie die Werkzeug-, Schleif- und Einrichtkosten dar. Die Linie für Hartmetallschnitte veranschaulicht die Werkzeug- und Schleifkosten. Man erkennt, daß die Schleifkosten für Hartmetallschnitte praktisch kaum ins Gewicht fallen. Von etwa 1,2 Millionen Lochungen ab ist der Hartmetallschnitt in diesem Spezialfall dem Stahlschnitt überlegen.

Abb. 80 zeigt den Vergleich der Werkzeugkosten für 1000 Stück geschnittener 0,45 mm dicker Statorbleche sowie der Schnittleistungen bei Verwendung von Schnittplatten aus Hartmetall GT 40 und aus einem Werkzeugstahl mit 12% Cr.

Die Anwendung hartmetallbestückter Werkzeuge ist dann wirtschaftlich gerechtfertigt, wenn die hohen Anschaffungs- und Bearbeitungskosten des Hartmetalles durch die längere Lebensdauer und die größere

Schnittleistung der damit bestückten Werkzeuge ausgeglichen wird. Abb. 80a zeigt ein Schnittwerkzeug für Trafobleche, bei welchem Schnittplatte und Stempel mit Hartmetall bestückt sind.

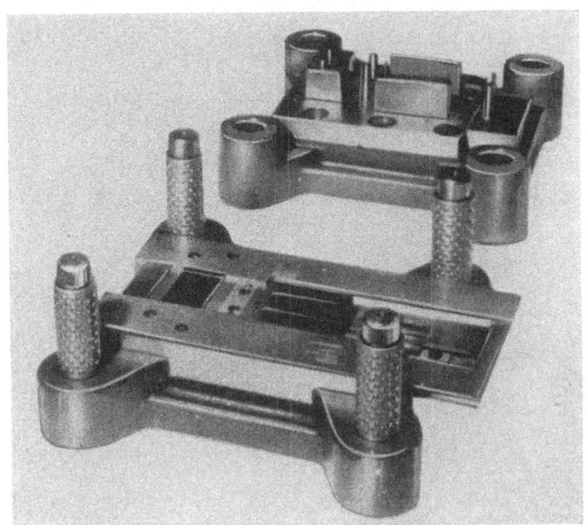

Abb. 80a. Hartmetallbestücktes Werkzeug mit Kugellagerführungen

2.3.0 Ringe verschiedener Größe aus Gummi, Leder oder Pappe, hergestellt mit Schnitteisen (Abb. 80b)

Sollten früher Ringe verschiedener Innen- und Außendurchmesser hergestellt werden, so benutzte man zwei Schnitteisen entsprechender Abmessungen. Eine Verbesserung ist dadurch möglich, daß man durch die in den Schnitteisen angebrachten Löcher zwei Stäbe kreuzförmig einsteckt. Damit wird eine Zusammenfassung der beiden Schneidvorgänge erzielt.

Verringerung der Schnittzeit um 50%, genauere Werkstücke durch Zentrierung der beiden Schnitteisen, leichte Austauschbarkeit und Wiederverwendung der Schnitteisen.

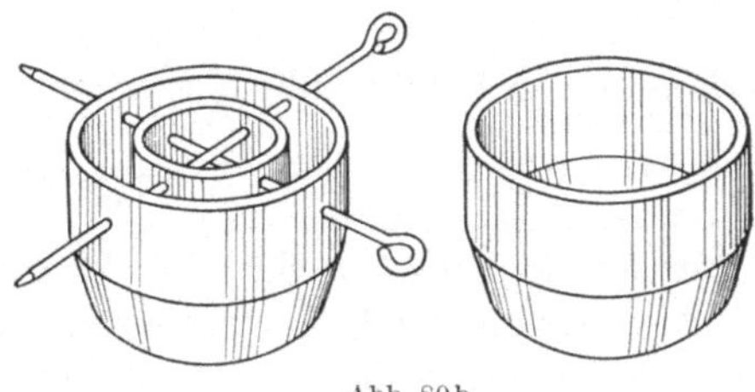

Abb. 80b

2.3.1 Kurvenscheibe (Abb. 80c)

Abb. 80c zeigt einen behelfsmäßigen Umfangschnitt mit Gummiabstreifer. Gegenüber einem normalen Plattenführungsschnitt werden rund 60% an Werkzeugkosten eingespart. Dieses Werkzeug ist besonders geeignet für kleine Stückzahlen bis ungefähr 500 Stück und für Blechdicken bis etwa 1,5 mm.

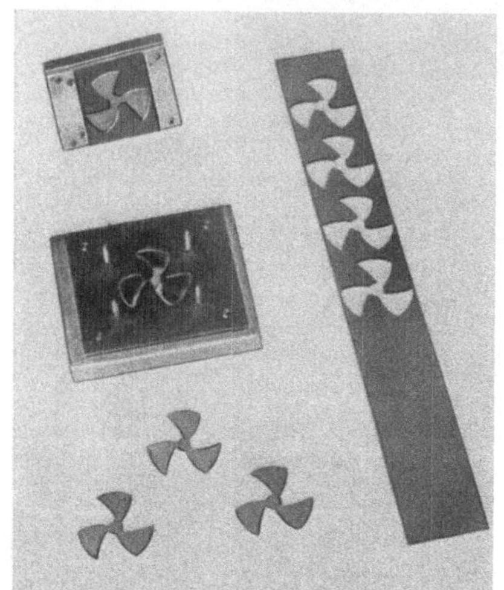

Abb. 80c. Kurvenscheite, behelfsmäßiger
Umfangschnitt

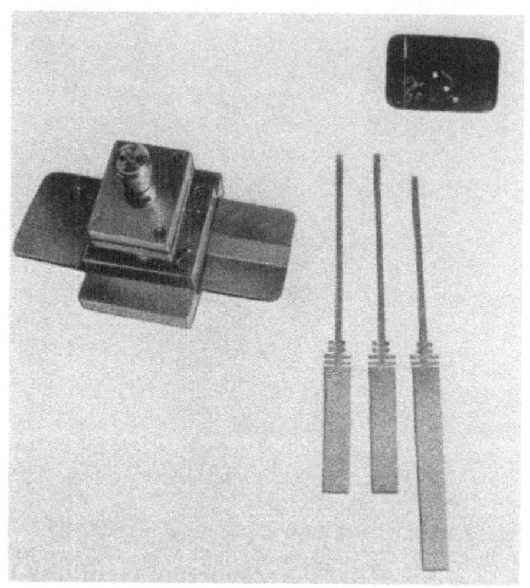

Abb. 80d. Schnittbiegestanze zum Herstellen
von Winkeln

2.3.2 Winkel, hergestellt mit Schnittbiegestanze (Abb. 80d)

Rd. 80% Arbeitszeitersparnis ergibt sich bei dieser vierfach arbeitenden Schnittbiegestanze gegenüber dem getrennten Abschneiden eines Bandes auf Länge und Einlegen in eine Biegestanze, bei nicht wesentlich höheren Werkzeugkosten.

Arbeitsfolge: freischneiden-biegen-abschneiden.

Der durch diese Streifenanordnung entstehende Werkstoff-Mehrverbrauch von rd. 50% (das ist 0,4 kg bei 10000 Teilen) fällt nicht ins Gewicht.

2.3.3 Federkontakt im Folgeschnitt hergestellt (Abb. 80e)

Folgeschnitte bieten den Vorteil kurzer Fertigungszeiten für die Werkstücke. Trotz höherer Werkzeugkosten ist die Fertigung in der Regel billiger als die Anfertigung mehrerer Einzelwerkzeuge. Ferner ergibt sich eine bessere Ausnutzung und Verminderung der Nebenzeiten. Abb. 80e zeigt einen Folgeschnitt für die Herstellung eines Federkontaktes. Das Werkzeug ist mit einer beweglichen, federnden Schnittplatte ausgerüstet. Gegebenenfalls vorzunehmende Biegungen der Werkstücke erfolgen daher nach oben und nicht nach unten. Diese Bauart hat den Vorzug, daß der Werkstoffstreifen unbehindert im Werkzeug weitergeschoben werden kann.

Im vorliegenden Falle betrug die Zahl der herzustellenden Werkstücke 1 000 000 Stück. In der alten Fertigungsweise wurden ein Schnittwerkzeug mit Vorlocher und drei Biegevorrichtungen verwendet. Für die Werkzeugherstellung benötigte man 275 Stunden, für die Teilfertigung 3640 Stunden und für die Werkzeugreparatur 364 Stunden. Nach der neuen Fertigungsweise mit Folgewerkzeug wurden für die Werkzeugherstellung 750 Stunden, für die Teilfertigung jedoch nur 180 Stunden

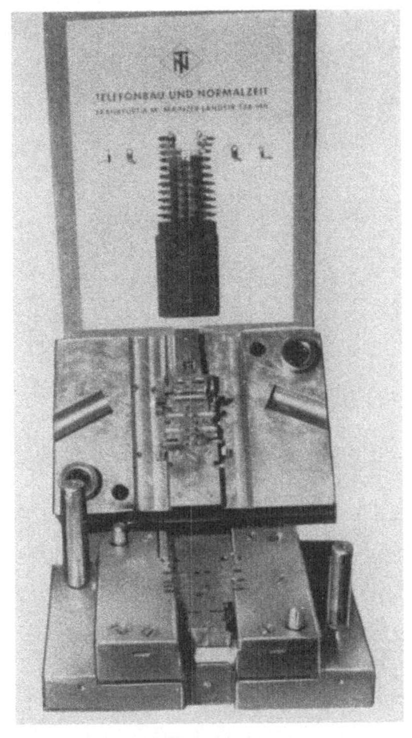

Abb. 80e. Folgewerkzeug, Herstellung eines Federkontaktes

und für die Werkzeugreparatur 86 Stunden benötigt. Die wirtschaftliche Losgröße liegt bei 175 000 Stück.

2.3.4 Weitere Beispiele allgemein üblicher Arbeitsverfahren

(Abb. 80f—80l, siehe S. 54)

3 Verfahrensbedingte Maßnahmen

Wahl eines anderen Fertigungsverfahrens, z. B. Umstellung von Guß auf Stanztechnik oder von Zerspanungstechnik auf ein stanztechnisches Arbeitsverfahren oder dgl.

3.0.1 Abschluß-Jalousiedeckel (Abb. 81)

Früher wurde dieser Deckel aus Guß hergestellt, *jetzt* auf stanztechnischem Wege und zwar durch folgende Arbeitsvorgänge:
1. Zuschneiden
2. Äußere Form ziehen auf Exzenterpresse ohne Blechhalter

Arbeitsstufen
1 2 3 4 5 6 7 8 9 10 11 12 13
Werkstoffstreifen
Werkstück
Arbeitsstufen
1 2 3 4
f
Werkstück
g
Arbeitsstufen
1 2 3 4
1.Werkstück
B
Arbeitsstufen
1 2 3 4 1.Werkstück
2.Werkstück
Werkstoffstreifen
B
h
i   Werkstoffstreifen   2.Werkstück
Arbeitsstufen
1 2 3 4 5
k
Arbeitsstufen
Suchen (federnd)
Kanten
Ausklinken Lochen Lochen Suchen prägen Suchen Suchen Leerstufe
~30°geprägte   1   2   3   4   5   6   7   8   9
Kanten
Ms 1mm dick
l   Suchen   Lochen   Suchen Kalibrieren Teil auf Federboden   Teil heraus-
ausschneiden u. in   drücken
Streifen zurückdrücken

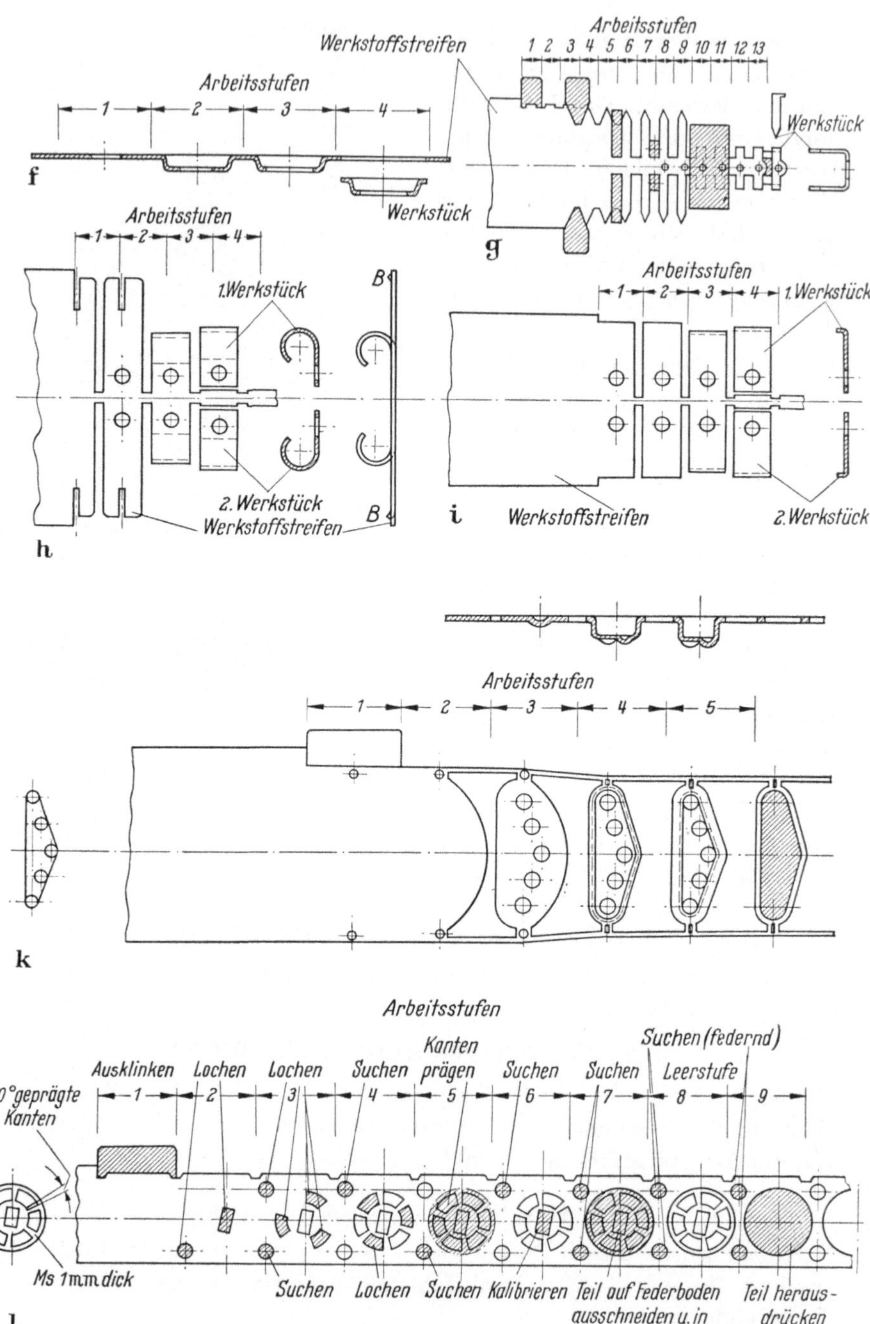

Abb. 80 f—l

3. Jalousie einschneiden und drücken auf Exzenterpresse
4. Rundes Loch schneiden auf Exzenterpresse mit normalem Freischnitt.

Die Anfertigung aus Blech von 1,5 mm Dicke bringt eine Gewichtsverminderung auf ein Fünftel. Dementsprechend ist auch die Werkstoffersparnis 80%. Die Schlitze können auf beliebige Tiefe gezogen werden. Die früher bestehende Bruchgefahr der dünnen Gußdeckel wird durch die Umstellung gleichzeitig vermieden.

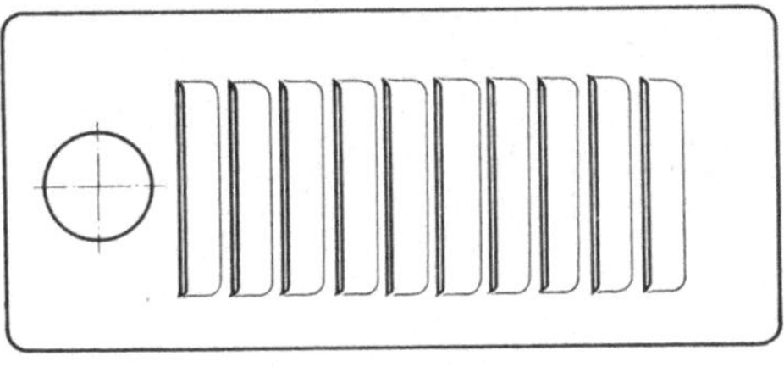

Abb. 81

3.0.2 Mantel (Abb. 82)

Bisher wurde dieser Mantel infolge geringer Stückzahlen aus Siluminguß hergestellt. Durch erhöhten Bedarf wurde *alsdann* eine Blechkonstruktion gewählt. Werden die Kosten des Siluminmantels gleich 100% gesetzt, so betragen die Kosten des emaillierten Blechmantels 55%. Es ergibt sich eine Ersparnis von 45%.

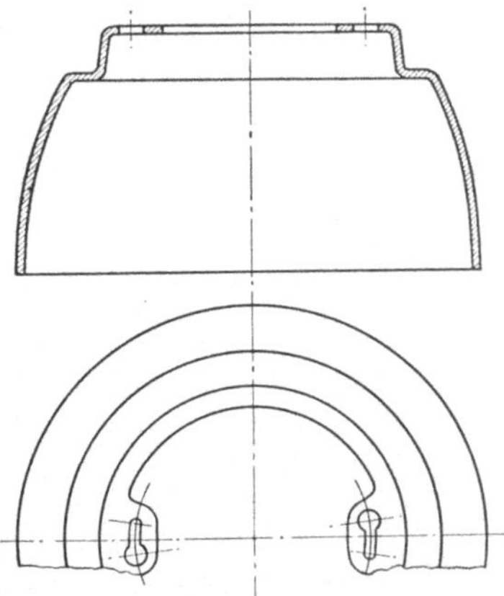

Abb. 82. Die Werkzeugkosten sind, da nur Dreh- und Schleifarbeit erforderlich, kaum höher als die Modell-Anfertigungs- und Instandhaltungskosten

3.0.3 Joch (Haltewinkel) eines Weckers (Abb. 83a—83d)

Die *alte* Ausführung des Joches nach Abb. 83a 19 × 6 mm wurde im wesentlichen durch mechanische Bearbeitung hergestellt.

Die *neue* Ausführung Abb. 83b zeigt die Ausbildung des Joches als Stanzteil aus Stahlblech 2 U St 13.

Durch gleichzeitige konstruktive Änderung wurden wesentliche Einsparungen erzielt.

Werkstoffersparnis: 87%, Zeitersparnis: 92%

Unter Verwendung des Joches wurden die Spulenkerne eingenietet und der Rundmagnet durch Klemmschrauben festgehalten (Abb. 83 c).

Bei Ausführung unter Verwendung des Stanzteiles (Abb. 83 d) konnten nach vorherigem Ziehen der Löcher auf ein Toleranzmaß diese Teile eingepreßt werden.

Verringerung der Montagekosten: 46%.

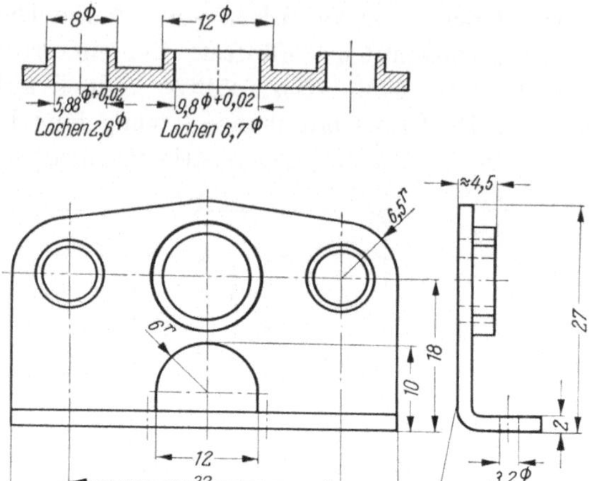

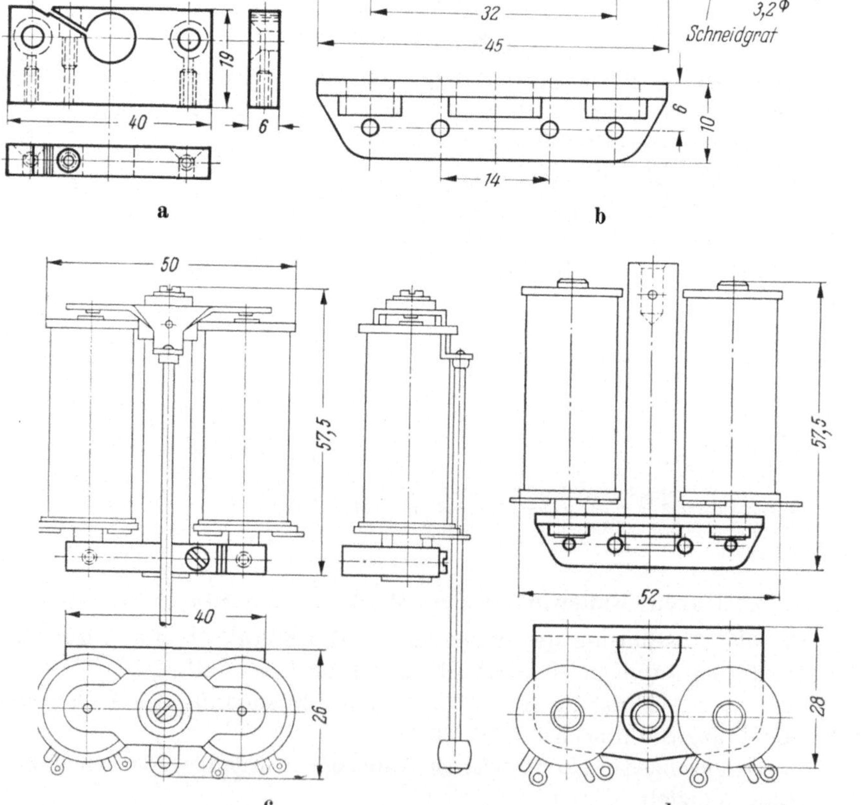

Abb. 83 a—d

3.0.4 Steckerbuchse (Abb. 84) [12]

Zur Herstellung des Stanzwerkzeuges wird etwa die doppelte Zeit wie für die Herstellung der Werkzeuge zur mechanischen Fertigung benötigt. Die Arbeitszeit von 10000 Stück stanztechnisch hergestellter Buchsen dauert jedoch nur die halbe Zeit wie die Herstellung von 10000 gedrehten und gefrästen Buchsen (Abb. 84a).

Aus der Abb. 84b ist zu ersehen, daß die wirtschaftliche Losgröße bei rd. 23000 Stück liegt.

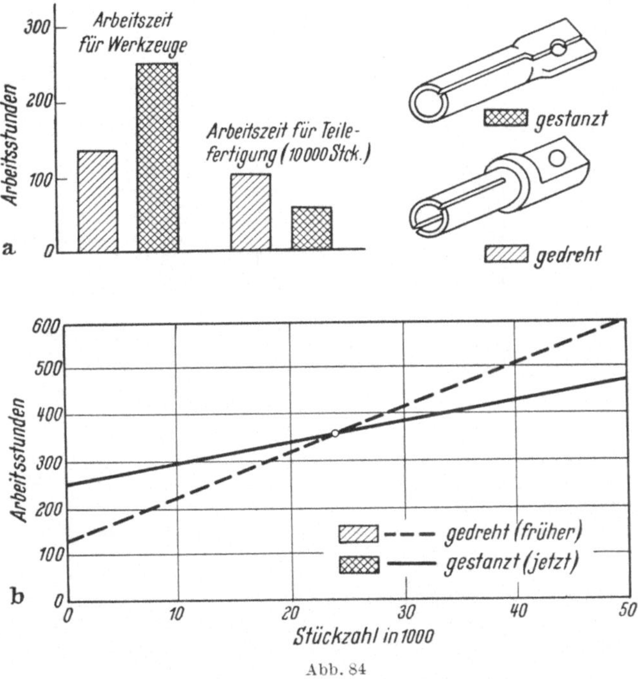

Abb. 84

3.0.5 Gehäusedeckel (Abb. 85)

Frühere Ausführung in Zinkspritzguß (Abb. 85), *jetzige* Ausführung aus Tiefziehblech (Abb. 85a). Der früher in Zinkspritzguß ausgeführte Gehäusedeckel gestattete nach der Umstellung auf stanzereitechnische Fertigung bedeutende Einsparungen an Werkstoff- und Zeit (s. Abb. 85).

3.0.6 Anschlußklemme (Bilder 86a u. b) [12]

Die Abb. 86a zeigt die Gegenüberstellung von zwei Anschluß-klemmen; die obere ist durch Fräsen und Bohren, die untere auf stanz-technischem Wege hergestellt. Die Wirtschaftlichkeitsgrenzen beider

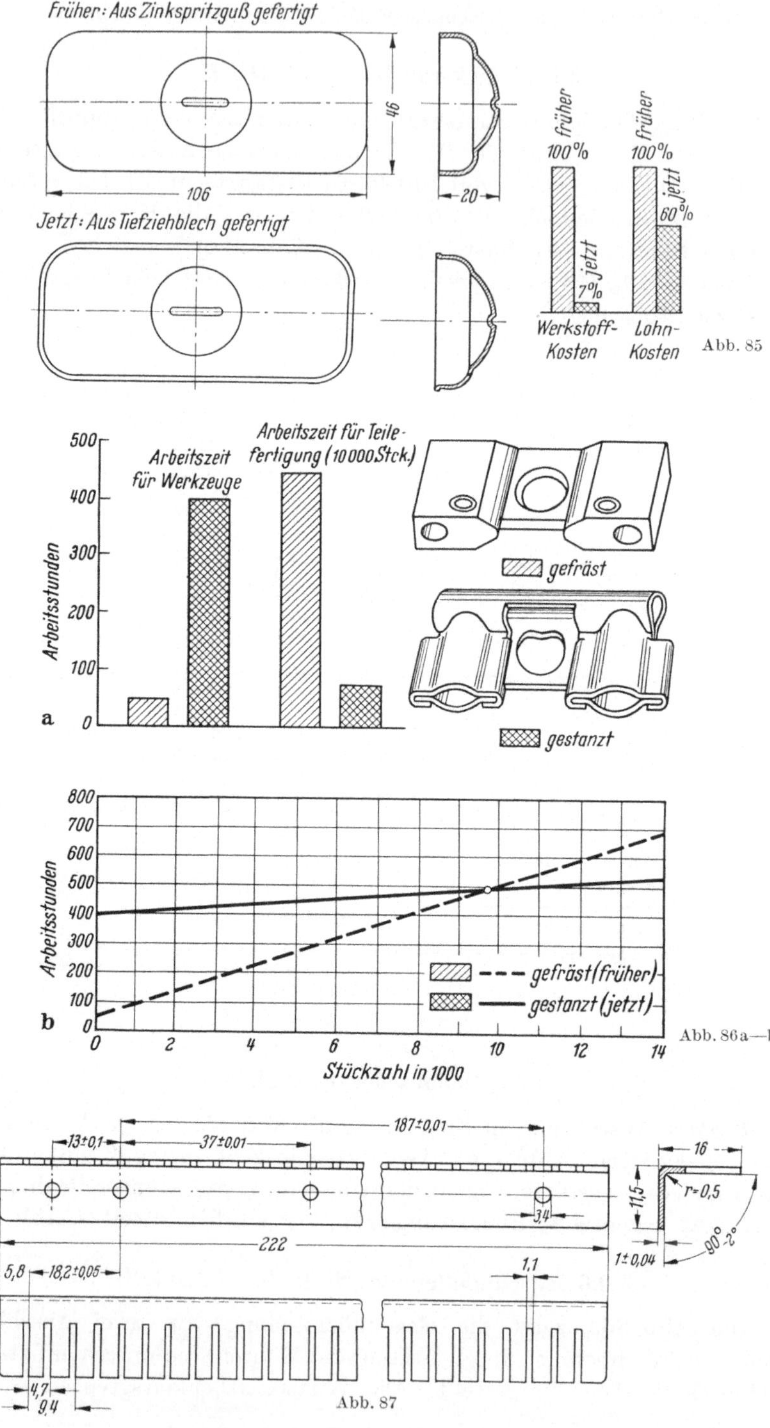

Früher: Aus Zinkspritzguß gefertigt
106
46
20
Jetzt: Aus Tiefziehblech gefertigt
früher
100%
früher
100%
jetzt
60%
jetzt
7%
Werkstoff-Kosten
Lohn-Kosten
Abb. 85

Arbeitszeit für Werkzeuge
Arbeitszeit für Teile-fertigung (10000 Stck.)
Arbeitsstunden
500
400
300
200
100
0
a
gefräst
gestanzt

800
700
600
500
400
300
200
100
0
Arbeitsstunden
b
gefräst (früher)
gestanzt (jetzt)
0   2   4   6   8   10   12   14
Stückzahl in 1000
Abb. 86a—b

13±0,1
37±0,01
187±0,01
16
5,6 -0,2
11,5
r=0,5
3,4
222
90°-2°
5,8
18,2±0,05
1,1
1±0,04
4
4,7
9,4
Abb. 87

Ausführungen liegen bei rd. 9700 Stück (s. Abb. 86b). Über diese Stückzahl hinaus ist die Verwendung eines Stanzwerkzeuges wirtschaftlicher.

3.0.7 Tastenhebellagerkamm (Abb. 87)

Früher: Stanzen und mechanisch bearbeiten

1. Abkürzen	0,004 min
2. Vorlochen	0,030 ,,
3. Fräsen (20 Stck.)	1,500 ,,
4. Biegen	0,150 ,,
	1,684 min

Jetzt: nur Stanzen

1. Walzen und abkürzen	0,009 min
2. Vorlochen und ausschneiden	0,070 ,,
3. Scheuern	0,004 ,,
4. Biegen	0,150 ,,
5. Schlitze lochen	0,170 ,,
	0,403 min

Zeitersparnis: 76%

3.0.8 Gewindeleiste (Abb. 88)

Früher: Mechanische Fertigung

1. Auf Länge absägen	0,32 min
2. Entgraten	0,25 ,,
3. Bohren (42 mal)	8,40 ,,
4. Entgraten (42 mal)	0,80 ,,
5. Gewinde schneiden (42 mal)	9,70 ,,
6. Auswaschen	0,08 ,,
	19,55 min

Jetzt: Stanzen und mechanisch bearbeiten

1. Vorlochen und abkürzen	0,06 min
2. Scheuern	0,003 ,,
3. Richten	0,80 ,,
4. Gewinde schneiden (42 mal M 4, 7 Hübe)	1,60 ,,
5. Auswaschen	0,08 ,,
	2,543 min

Zeitersparnis: 87%

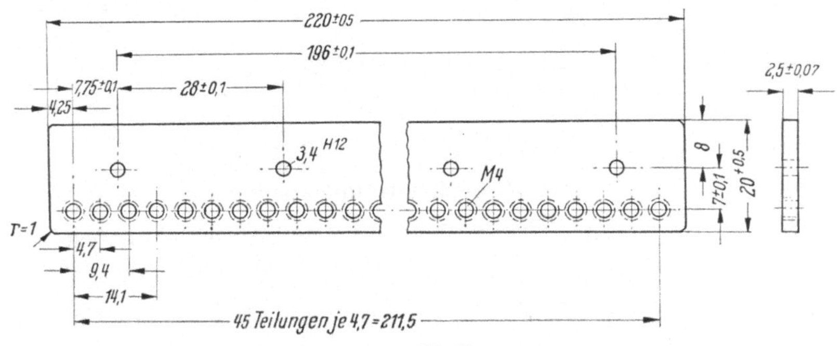

Abb. 88

3.0.9 Klappe (Abb. 89)

Früher: Aus 8 Teilen   *Jetzt:* Zweiteilig punkt-
      zusammengenietet   geschweißt

Gewichtseinsparung: 20%
Zeiteinsparung: 350%

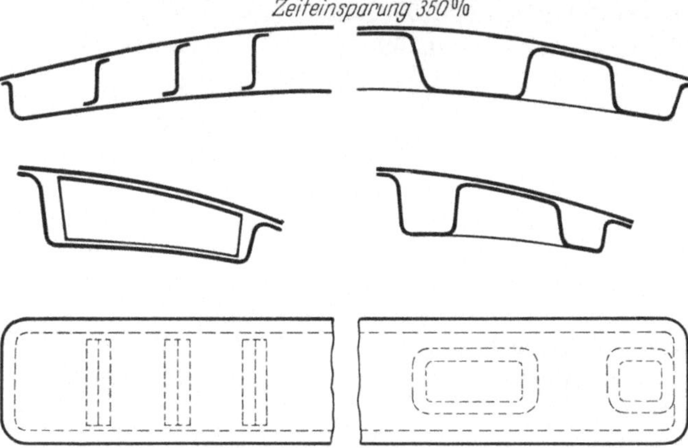

Abb. 89

3.1.0 Deckel (Abb. 90)

Früher: Aus 2 Teilen   *Jetzt:* Aus einem Stück
      zusammengenietet   gepreßt

Gewichtseinsparung: 15%
Zeiteinsparung: 500%

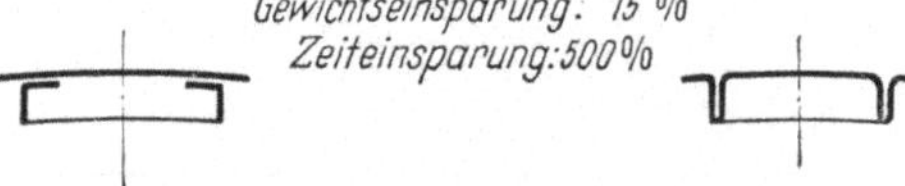

Abb. 90

3.1.1 Deckelöffnung (Abb. 91)

Früher: Aus 2 Teilen   *Jetzt:* Aus einem Stück
      zusammengenietet   gepreßt

Gewichtseinsparung: 30%
Zeiteinsparung: 300%

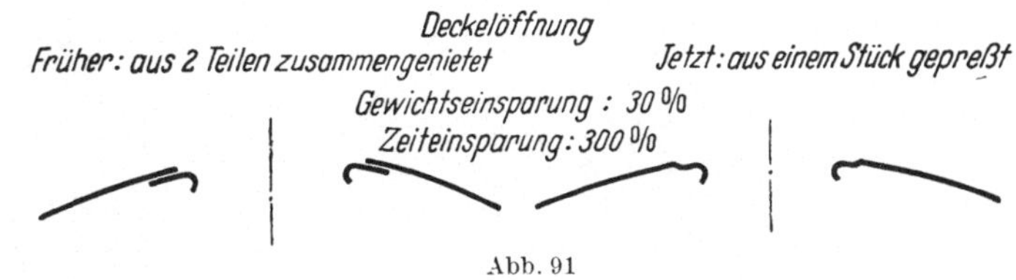

Abb. 91

3.1.2 Aufhängung (Abb. 92a und b)

Früher: Werkstoff: Stabstahl
Die mechanische Anfertigung dieser Aufhängung erforderte 25 min bei 5 Arbeitsvorgängen

1. Auf Rohlänge abschneiden (Kaltsäge) 2 min
2. Bearbeiten der 4 Seiten auf Maß (Fräsmaschine, Walzenfräser) 12 ,,
3. Bohren von 2 Löchern 15 mm ⌀ (Bohrmaschine, Spiralbohrer) 1,8 ,,
4. Aussenken der beiden Löcher von 15 mm ⌀ auf 18 mm ⌀ (Bohrmaschine, Spiralsenker) 1,2 ,,
5. Langloch 18 × 35 mm Fräsen (Fräsmaschine, Fingerfräser) 8 ,,

Jetzt: Werkstoff: U St 13[1]
Die stanz- und ziehtechnische Herstellung geschieht in **13 min** bei 6 Arbeitsvorgängen

1. Auf Länge und Breite zuschneiden von Normaltafel 5 × 1000 × 2000 mm (Kurbelschere) 0,8 min
2. Vorprägen der Form (Vorprägewerkzeug) 0,6 ,,
3. Fertigprägen der Form (Fertigprägewerkzeug) 0,6 ,,
4. Warmrichten der Form von Hand (Schweißbrenner, Handhammer) 4 ,,
5. Schweißen der Stoßnaht (Autogenschweißanlage) 4 ,,
6. Verputzen der Schweißnaht innen und planfeilen einer Auflagefläche (Schraubstock, Handschleifapparat und Feilen) 3 ,,

Rohgewicht: 0,697 kp
Fertiggewicht: 0,294 kp
Zeitersparnis: 48 %

Rohgewicht: 0,232 kp
Fertiggewicht: 0,200 kp

[1] Neue Werkstoffbezeichnung nach DIN 1623, Ausgabe Jan. 1961 (frühere Bezeichnung St VII 23)

Früher: Mechanische Anfertigung in 25 Minuten
Aufhängung
Rohmaterial
Rohgewicht: 0,697 kg
Fertiggewicht: 0,294 kg
a
I. Arbeitsvorgang Abschneiden auf Rohlänge } Kaltsäge
2 Minuten
II. Arbeitsvorgang Bearbeiten der 4 Seiten auf Maß } Fräsmschine Walzenfräser
12 Minuten
III. Arbeitsvorgang Bohren von 2 Löchern 15⌀ } Bohrmasch Spiralbohr.
1,80 Minuten
IV. Arbeitsvorgang Aussenken der beiden Löcher 15⌀ auf 18⌀ } Bohrmasch. Spiralsenker
1,20 Minuten
V. Arbeitsvorgang Langloch 18×35 fräsen } Fräsmasch. Fingerfräser
8 Minuten
50
30
50
Jetzt: Stanz- u. Ziehtechnische Anfertigung in 13 Minuten
Aufhängung
Rohgewicht: 0,200 kg
Fertiggewicht: 0,232 kg
b
I. Arbeitsvorgang Zuschneiden auf Länge u. Breite von Normaltafel 5×1000×2000 } Kurbelschere
0,80 Minuten
II. Arbeitsvorgang Vorprägen der Form } Exenter-Pr. Vorpräge-Werkzg.
0,60 Minuten
III. Arbeitsvorgang Fertigpräg. der Form } Exenter-Presse Fertigprägewerkzg.
0,60 Minuten
IV. Arbeitsvorgang Warm richten der Form von Hand } Schweißbrenner Handhammer
4 Minuten
V. Arbeitsvorgang Schweißen der Stoßnaht } Autogenschweiß-Anlage
4 Minuten
VI. Arbeitsvorgang Verputzen der Schweißnaht innen u. Planfeilen einer Auflagefläche } Schraubstock Handschleifapparat Feilen
3 Minuten

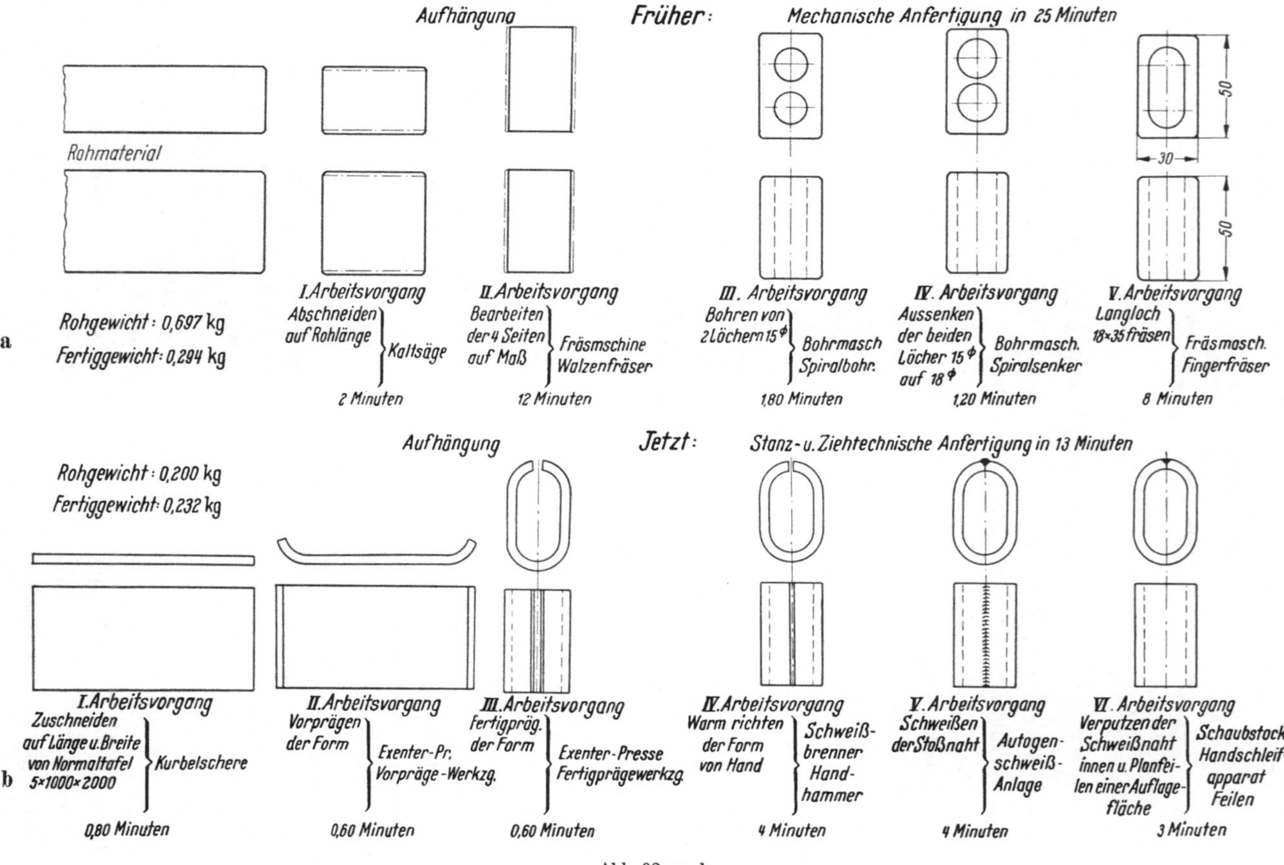

Abb. 92a u. b

3.1.3 Aluminiumkappe (Abb. 93a—d)

Nachstehende Abbildungen veranschaulichen die Herstellung einer Aluminiumkappe nach 3 verschiedenen Fertigungsverfahren, und zwar

1. Von Hand mit Hilfswerkzeug (1,5 kp/100 Stck.)
   Arbeitsvorgang: Aus 3 Teilen zusammengesetzt und geschweißt; 2 Seitenteile zuschneiden, biegen und befeilen; Boden zuschneiden und befeilen; Seitenteile schweißen und Boden anschweißen; verputzen (s. Abb. 93a).
   Fertigungszeit für 100 Teile: 60 Stunden
   Werkzeugfertigungszeit: 35 Stunden

2. Mittels Ziehwerkzeug (1,84 kp/100 Stck.)
   Arbeitsvorgang: Streifen schneiden; ausschneiden; erster Zug; zweiter Zug; Boden nachschlagen; Höhe beschneiden (Abb. 93b)
   Fertigungszeit für 100 Teile: 1,1 Stunden
   Werkzeugfertigungszeit: 260   Stunden

3. Durch Kaltfließpressen (1,3 kp/100 Stck.)
   Arbeitsvorgang: Abschneiden; Trommeln befetten; Fließpressen; Höhe beschneiden (Abb. 93c)
   Fertigungszeit für 100 Teile: 0,8 Stunden
   Werkzeugfertigungszeit: 155   Stunden

Die Untersuchung zeigt, daß die Fertigung der Aluminiumkappe mit Ziehwerkzeug erst bei einer Stückzahl von 675 an lohnt, die Ferti-

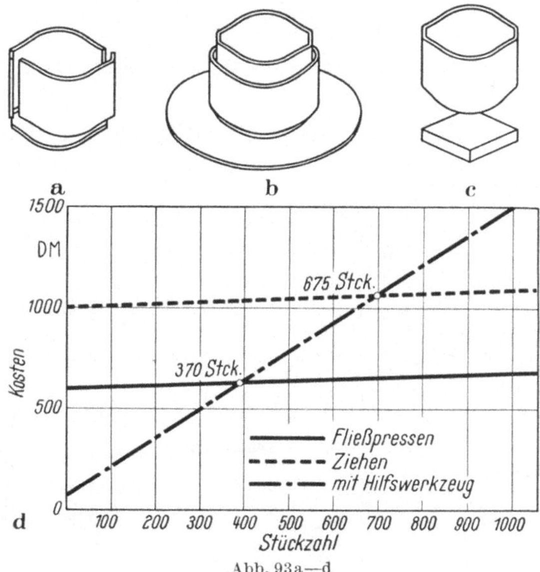

Abb. 93a—d

gung durch Fließpressen aber bereits bei einer Stückzahl von 370 Stück wirtschaftlicher ist als die Fertigung von Hand mit Hilfswerkzeug (s. Abb. 93d).

3.1.4 Buchse (Abb. 94)

Durch Wahl eines anderen Arbeitsverfahrens ist die Möglichkeit einer Werkstoffeinsparung gegeben. Für die Herstellung von 1000 Werkstücken nach Abb. 94 ist nach der *früheren Fertigungsmethode* durch Drehen ein Werkstoffbedarf von 38 kp erforderlich. *Nach Umstellung* auf Kaltfließpressen werden für die Herstellung von ebenfalls 1000 Werkstücken nur 5 kp benötigt (s. Abb. 94).

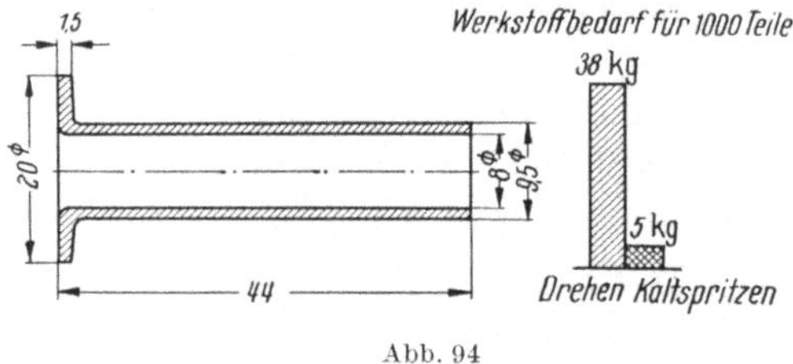

Abb. 94

3.1.5 Hohlteil mit quadratischer Grundfläche (Abb. 95a u. c)

Früher wurde das Hohlteil gezogen, und zwar wurde zuerst die Platine ausgeschnitten und in 3 Ziehoperationen fertiggestellt (s. Abb. 95a).

Durch Umstellung auf Kaltfließpressen wird aus dem Ausgangswerkstoff (Rohling) unmittelbar das Hohlteil in einem Arbeitsvorgang hergestellt (s. Abb. 95b).

Ersparnisse an Zeit 88%, an Werkstoffen 28% (s. Abb. 95c).

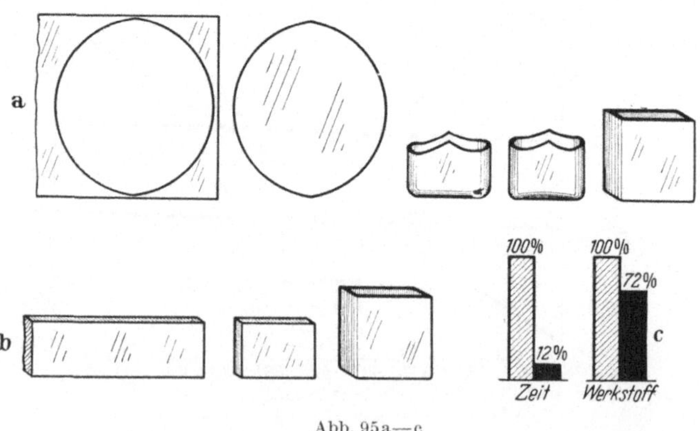

Abb. 95a—c

Bechermaße: Länge   45 mm
            Breite   35 mm
            Höhe   50 mm
            Dicke   1 mm

Platine zum Ziehen 109 × 98 × 1 mm
Rohlingsmaße zum Kaltfließpressen 34 × 44,5 × 5 mm

3.1.6 Schutzkappe (Abb. 96a u. b)

Früher: 6 Arbeitsvorgänge   *Jetzt:* 2 Arbeitsvorgänge
          (Abb. 96a)   (Abb. 96b)

1. Schneiden   1. Pressen
2. Ziehen   2. Entgraten
3. Abdrehen
4. Prägen
5. Lochen
6. Lochen

Werkstoff: Tiefziehstahlblech   Werkstoff: Kunstharz
           0,8 U St 13

Zeitersparnis: 31%

Die Werkstoffkosten liegen auf gleicher Höhe

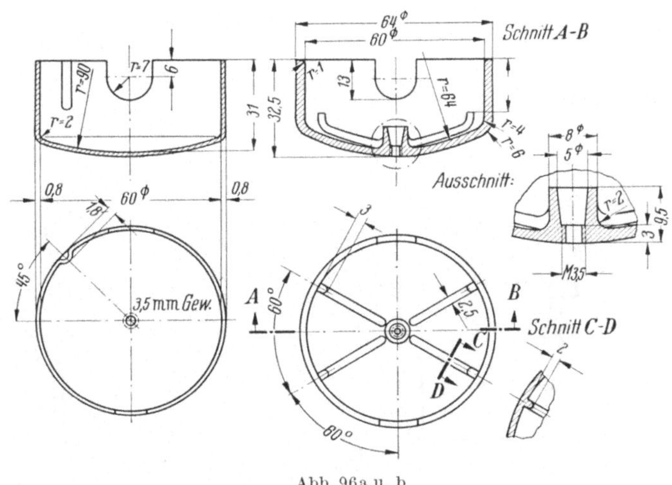

Abb. 96a u. b

3.1.7 Ausleger (Abb. 97)

Früher: Schmiedestück   *Jetzt:* Preßstück

Gewichtseinsparung: 20%
Zeiteinsparung: 40%

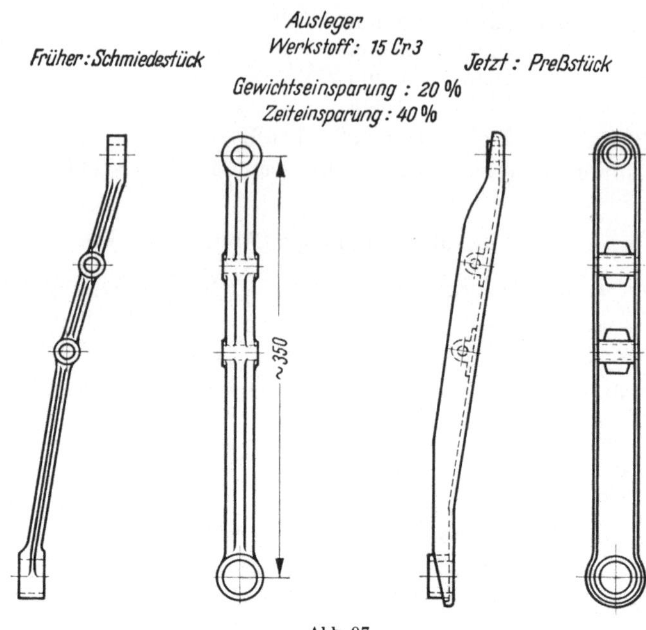

Abb. 97

3.1.8 Spezialflansch (Abb. 98 u. 99)

Früher: Schmiedestück   *Jetzt:* Preßstück
     (Abb. 98)   (Abb. 99)

Gewichtseinsparung: 40%
Zeiteinsparung: 60%

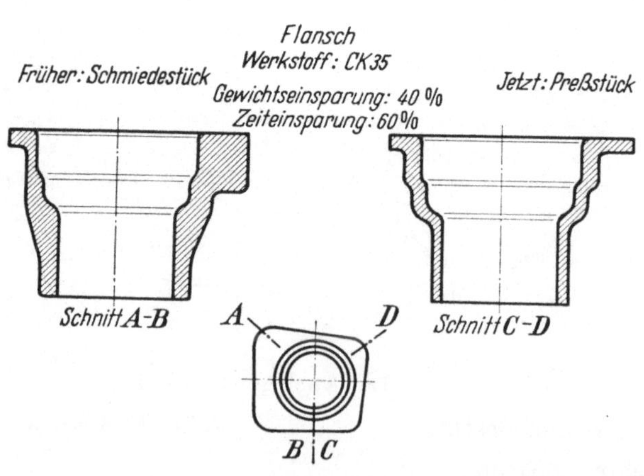

Abb. 98 u. 99

3.1.9 Flansch (Abb. 100)

Früher:

Die mechanische Anfertigung dieses Flansches erforderte 30,7 min

1. Abschneiden auf Rohlänge (Kaltsäge) 2,5 min

2. Mittlere Bohrung ausstechen, ausdrehen und schlichten, Ansatz vor- und fertigdrehen sowie Stirnseite und Fläche schlichten. (Drehbank, Spezial-Ausstech-Werkzeug, Stahlhalter, Stähle, Reibahle, Kaliber und Rechenlehre) 15 min

3. An entgegengesetzter Seite Fläche und Außendurchmesser vordrehen, fertigdrehen und schlichten, sowie Phase andrehen und Kanten brechen (Drehbank, Spanndorn, Stahlhalter und Stähle) 6 min

4. 5 Befestigungslöcher bohren und graten (Bohrmaschine, Bohrvorrichtung) 2,2 min

5. Ansatz 6° schräg fräsen (Fräsmaschine, Fräsvorrichtung) 5 min

____

30,7 min

Rohgewicht: 1,197 kp
Fertiggewicht: 0,175 kp

Zeitersparnis: 59,6%

Jetzt:

Die stanz- und ziehtechnische Herstellung geschieht in **12,4 min**

1. Ausschneiden der Platine mit Loch 42 $\varnothing$ Exzenterpresse, Schnitt mit Vorlocher 0,4 min

2. Durchziehen des Loches 42 $\varnothing$ auf 52 $\varnothing$ (Exzenterpresse, Durchziehwerkzeug) 0,4 min

3. Verjüngen der Wanddicke am durchgezogenen Loch (Exzenterpresse, Durchziehwerkzeug mit Stufenstempel) 0,4 min

4. Plandrehen des Flansches auf 5 mm, Ausdrehen der Bohrung auf 57 $\varnothing$ und Phase 45 $\varnothing$ andrehen (Drehbank, Spannpatrone, Stahlhalter und Stähle) 4 min

5. 5 Befestigungslöcher bohren und graten (Bohrmaschine, Bohrvorrichtung) 2,2 min

6. Ansatz 6° schräg fräsen (Fräsmaschine, Fräsvorrichtung) 5 min

____

12,4 min

Rohgwicht: 0,468 kp
Fertiggewicht: 0,175 kp

5*

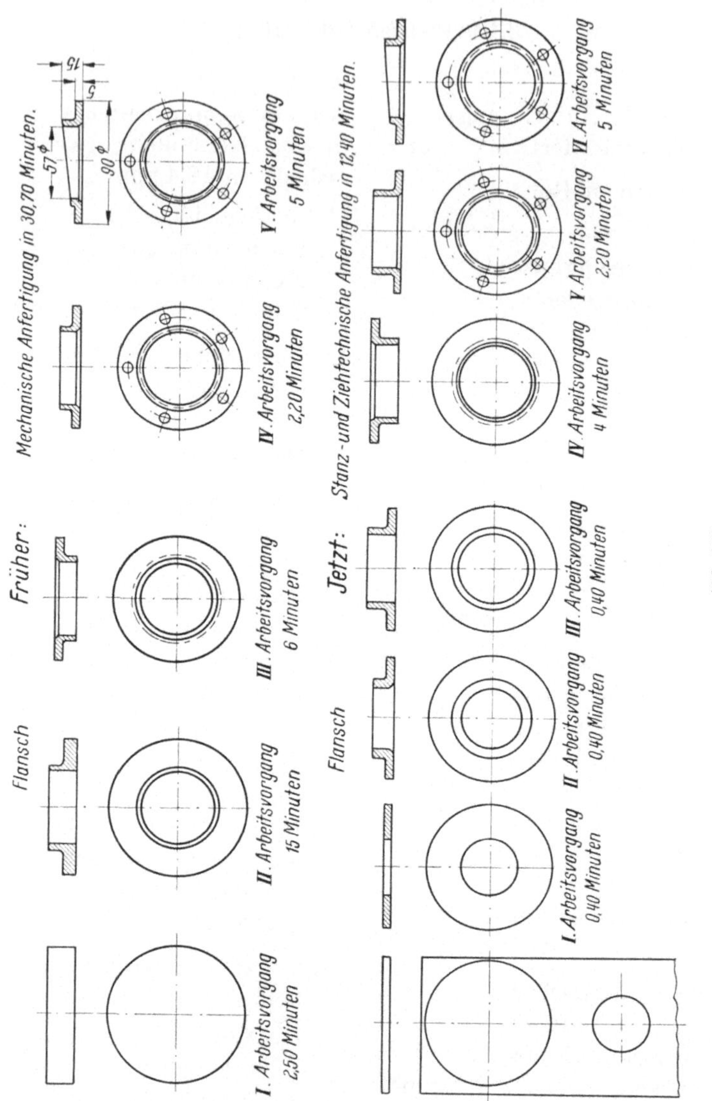

3.2.0 Handbremshebel (Abb. 101)

	Früher: Schmiedestück	*Jetzt:* Stanz- und Ziehtechnische-Anfertigung
Rohgewicht in kp	2,2	1,0
Fertiggewicht in kp	1,5	0,7
Arbeitszeit in min	11	5

Gewichtseinsparung: 60%, Zeiteinsparung: 60%

I
Abschneiden auf Rohrlänge } Rundprofilschere
0,20 Minuten
II
Vorbiegen u. Fertigschlagen im Schmiedegesenk } Schmiedegesenk, Luftschmiedehammer
3,50 Minuten
III
Abgraten des Schmiedegrates } Abgratschnitt, Exenterpresse
0,30 Minuten
IV
Kalibrieren der gesamten Form } Kalibrier-Werkzeug Spindelpresse
0,30 Minuten
Rohmaterial zum Schmieden fertig
2,2 kg
V
Bohren des Federloches 3 ⌀ } Bohrvorr. Bohrmaschine
0,30 Minuten
VII
Fräsen des Schlitzes } Fräsvorr. Fräsmaschine
4 Minuten
IX
Verputzen u.schleifen zum Emaillieren } Schleifbock
120 Minuten
Fertig geschmiedeter und bearbeiteter Handbremshebel
1,5 kg
VI
Bohren des Loches 4,9 ⌀ } Bohrvorr. Bohrmaschine
0,30 Minuten
VIII
Bohren u. Reiben d. 2 Löcher 10,7 ⌀ } Bohrvorr. Bohrmaschine
0,90 Minuten
Streifen-Schema   Platine   Verstärkungen   Punktgeschweißt
Verstärkung
I
Ausschneiden der Platine einschließlich Vorscheiden der 6 Löcher 8,1 ⌀ am unteren Ende d. Hebels } Blockschnitt, Exenterpresse
0,56 Minuten
Schneiden der 4 Löcher 7 ⌀ und abschn. auf Länge sowie Einprägen der Scheißwarzen } formabschneid. mit Vorlocher Exenterpresse
0,20 Minuten
II
Aufschweiß. Projektionsschweißg. von 2 der nebenstehend. Verstärkungen } Projektionsschweißelektrode, Punktschweißmasch.
0,60 Minuten
III
Prägen d. U-Form und der Rundung des Griffes (Griff gerade ausstehend) } Prägewerkzg., Exenterpresse
0,40 Minuten
IV
Prägend. schrägen Griffstellung } Prägewerkzg., Exenterpresse
0,40 Minuten
V
Fertigprägen d runden Griffform } Prägewerkzg., Exenterpresse
0,40 Minuten
VI
Reiben der Löcher 8,1 ⌀ am unteren Ende des Hebels u. bohren des Loches 5,1 ⌀ in der Nähe des Griffes jeweils durch beide Schenkel } Bohrmasch. Bohr- und Reibvorrichtung
1,50 Minuten
VII
Verputzen u.schleifen d Griffendes } Schleifbock
1,00 Minute

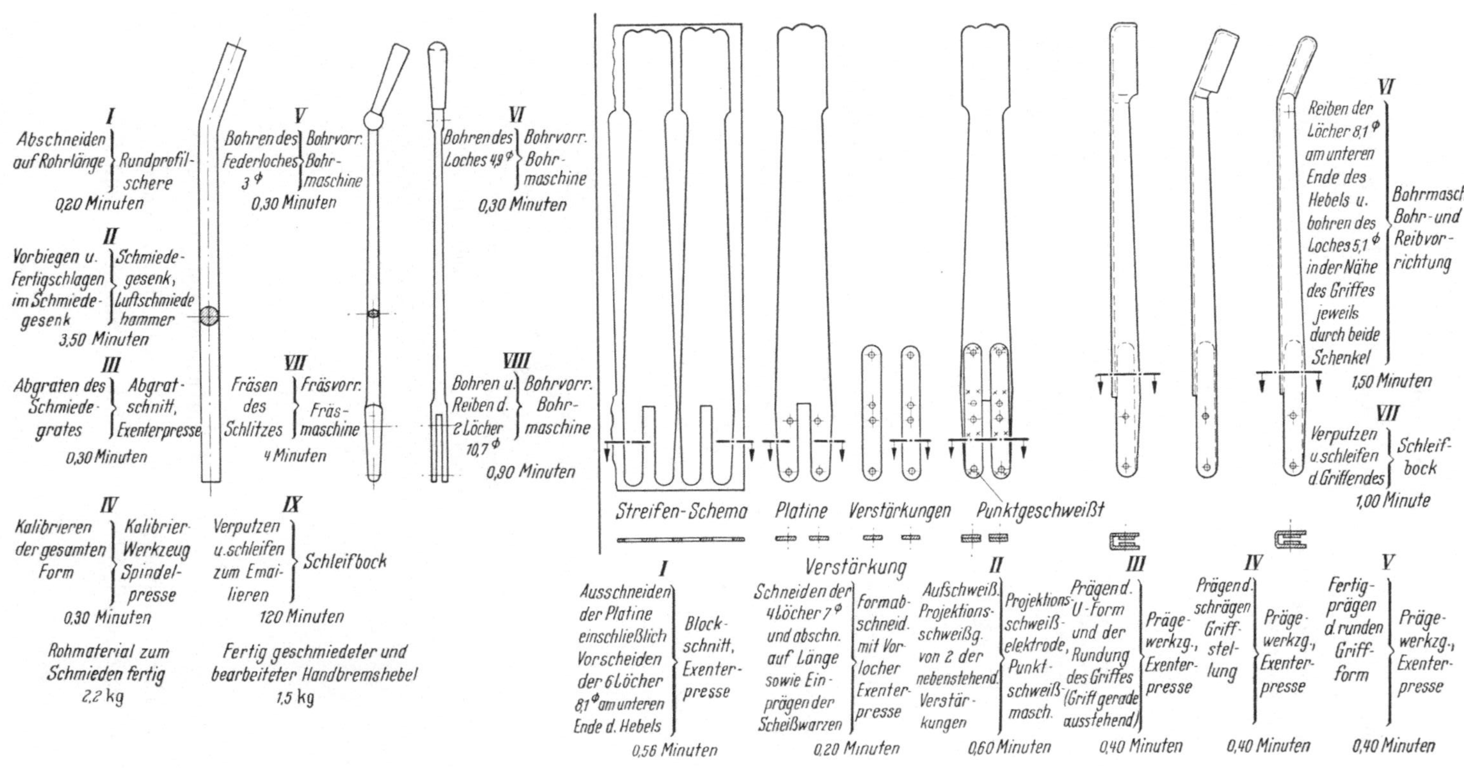

Abb. 101

3.2.1 Riemenscheibe (Abb. 102)

Scheibenrad aus 2 Rohrabschnitten und 1 Ringscheibe gefügt und geschweißt	Scheibenrad aus 1 Rohrabschnitt und 2 mittels Punktschweißung verbundenen Ziehteilen	Scheibenrad aus 1 Rohrabschnitt und 1 mit diesem hart verlöteten Ziehteil

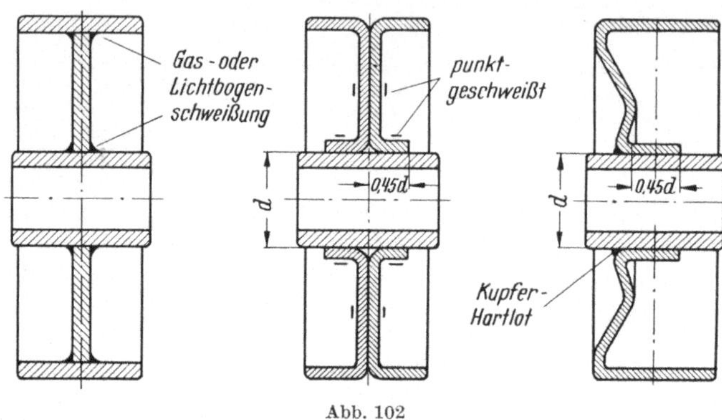

Abb. 102

3.2.2 Zierring für Scheinwerfer [34]

Früher: aus Platine gezogen, Abfall 65%

Jetzt: aus Band gefertigt, hartgelötet oder geschweißt, umgeformt, fast kein Abfall

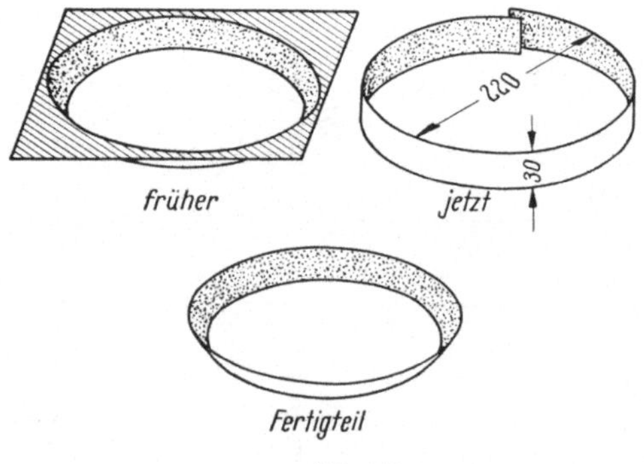

Abb. 102a

3.2.3 Verschlußkappe [34]

Früher: Gußstück, Werkstoff GG 18, Rohgewicht 1,2 kp

Jetzt: Ziehteil, Werkstoff U St 13, Einsatzgewicht 0,52 kp

Verhältnis der Herstellkosten je Teil: Gußstück zu Ziehteil wie 4:1

Verhältnis Modellkosten zu Werkzeugkosten: wie 1:16

Aus dem Schaubild ist zu ersehen, daß die Ausführung als Ziehteil aus Werkstoff U St 13 bei einer Fertigung von 739 Stück an wirtschaftlicher ist als die Herstellung als Gußstück aus GG 18.

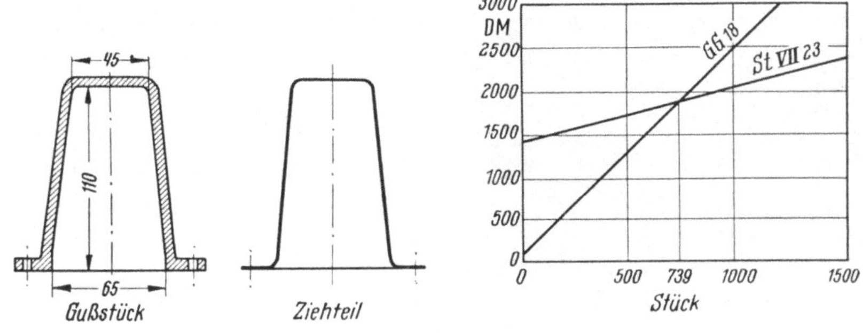

Abb. 102b

3.2.4 Ring mit Biegestanze hergestellt

Eine Biegestanze für die Herstellung eines Ringes aus St 35.29, Rohr 35×25, 210 ∅ DIN 2391 läßt Abb. 102c erkennen. Gegenüber dem Biegen eines angewärmten, mit Sand gefüllten Rohres um eine Schablone ergibt die Fertigung mit Hilfe einer Biegestanze eine Arbeitsersparnis von annähernd 70%, unter gleichzeitiger Verbesserung des Querschnittes. Es bilden sich keine Stauchfalten. Die Rohre werden kalt und ohne Füllung gebogen.

Abb. 102c. Biegestanze für die Herstellung eines Ringes

3.3 Ziehtechnik

3.3.1 Ziehen in mehrreihigen Streifen mit eingeschnittener oder freigeschnittener Platine

Hierbei wird das Blech zwischen den einzelnen Werkstücken geradlinig oder bogenförmig eingeschnitten (Abb. 103) oder es werden rechteckige oder ovale Ausschnitte angebracht. Dieses Verfahren bezeichnet man auch das Ziehen im Gitter.

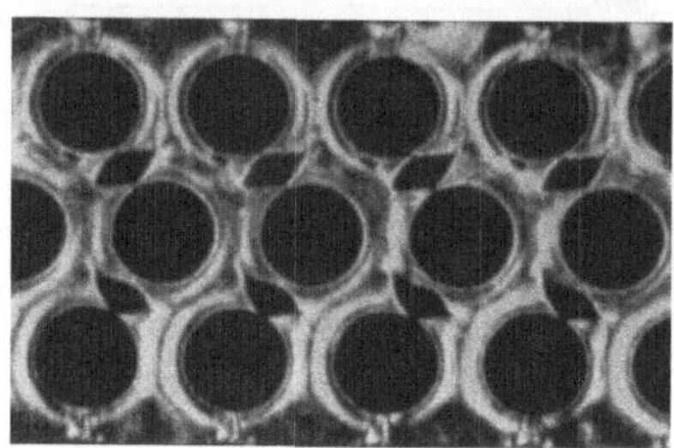

Abb. 103. Ziehen im Gitter

3.3.2 Ziehen auf Stufenpressen

Um die Arbeit des Einzelziehverfahrens zu ersparen geht man mehr und mehr zu automatischen Ziehverfahren über, wie das Ziehen auf Stufenpressen. Der Werkstoff wird hierbei in Form eines Streifens durch die Maschine geführt. In der Stufenpresse sind mehrere Werkzeuge untergebracht, die gleichzeitig bei jedem Niedergang des Stempels in Tätigkeit treten. Aus dem Streifen wird eine Platine ausgeschnitten, die mit einem Stufenwerkzeug weiter umgeformt wird. Das Werkstück wird mit Hilfe eines Greifers von Werkzeug zu Werkzeug befördert. Es wird also erst eine Platine ausgeschnitten, dann erfolgt der Ziehvorgang. Ein sehr erheblicher Vorteil ist das Einsparen von Zwischenglühungen, da die Arbeitsstufen ohne Lagerung, wie es das Einzelziehen auf einer Presse notwendig macht, hintereinander folgen.

Nachstehend einige Beispiele: Abb. 104—111

3.3.3 Zinkwerkzeuge zum Umformen von Blech (Tiefziehen, Prägen, Pressen) [43]

Es ist noch nicht allgemein bekannt, daß mit Werkzeugen aus Zink Blechumformungen in sehr vielen Fällen wirtschaftlicher durchgeführt werden können als mit Stahlwerkzeugen, weil Zinkwerkzeuge bedeutend billiger sind.

Das Arbeiten mit Zinkwerkzeugen erfolgte in früherer Zeit nur zur Herstellung von Ornamenten usw. aus dünnen Zink-, Messing- und Kupferblechen. Seit vielen Jahren ist aber auch hier eine Umstellung auf Arbeitsstücke unserer Industrie eingetreten. Spezialfirmen verarbeiten heute Ziehteile aus Stahl- und NE-Blechen bis zu 4 mm Dicke in Gesenken aus Zink in den schwierigsten Formen und größten Abmessungen.

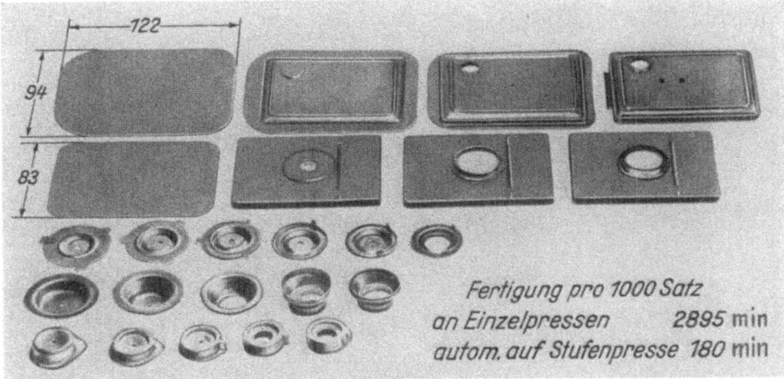

Abb. 104. Teile zu einem Fotogehäuse, hergestellt auf Stufenpresse. Werkstoff 0,3 U St 13

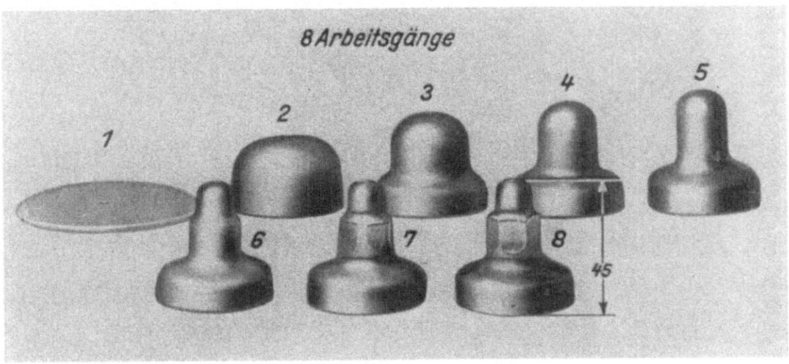

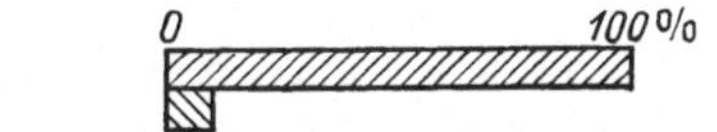

Abb. 105. Schmierbüchse hergestellt auf Stufenpresse. Werkstoff 2 U St 13

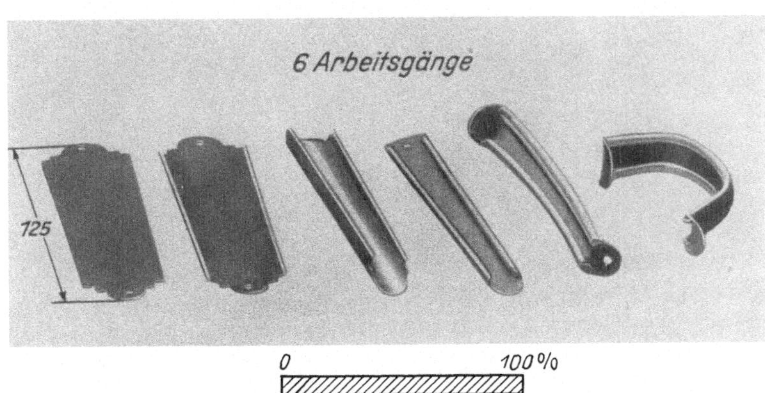

Abb. 106. GerollterGriff, hergestellt auf Stufenpresse, Werkstoff 0,3 U St 13

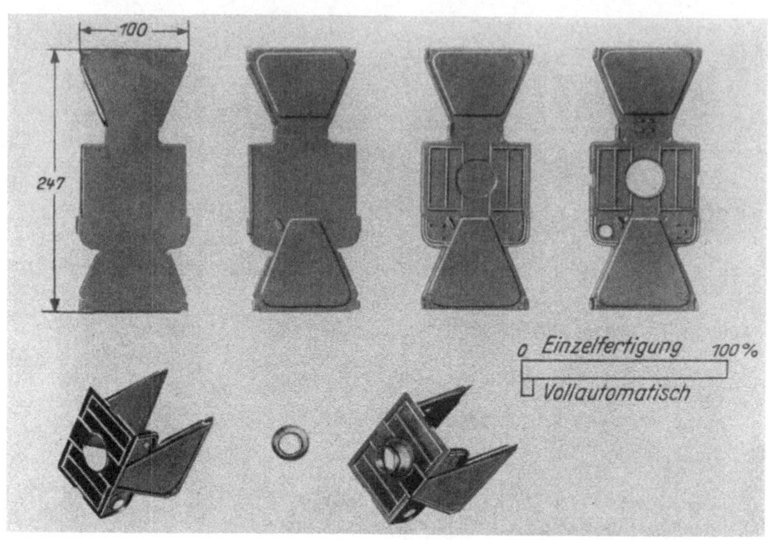

Abb. 107. Arbeitsgänge eines Photogehäuses. Werkstoff 0,3 U St 13

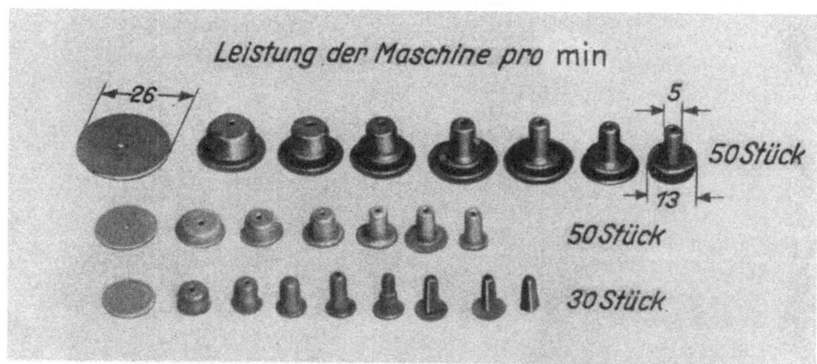

Abb. 108. Verschiedene Werkstücke hergestellt auf Stufenpresse

Abb. 109. Stufenpresse mit zweiseitiger
Werkstoffzuführung

Abb. 110. Stufenpresse mit Revolversteller

Abb. 111. Stufenpresse mit Gewindedrückmaschine

Die Werkzeugkosten gegenüber den Stahlwerkzeugkosten verhalten sich ungefähr 1:10. Das Verfahren ist allgemein wirtschaftlich bei Stückzahlen bis 500 Stück. Die Höchstzahl kann bei wenigen schwierigen Teilen auch die 1000 Stück-Grenze überschreiten.

Das Hauptanwendungsgebiet für Preß- und Ziehverfahren liegt also dort:

1. Wo keine größeren Stückzahlen zu erwarten sind und man auf formgerechte Gestaltung nicht verzichten kann.

2. Wo Groß-Serien aufgelegt werden sollen, aber zunächst zur Erforschung des Marktes formgerechte Stücke gezeigt werden müssen, oder aber zur endgültigen Formgestaltung eine Nullserie aufgelegt werden muß.

3. Wo für Blechkonstruktionen Umformungen benötigt werden, die sich durch Treiben und Schweißen nur schwer und kostspielig oder überhaupt nicht durchführen lassen.

4. Wo nur schwierige Blechumformungen durchgeführt werden sollen.

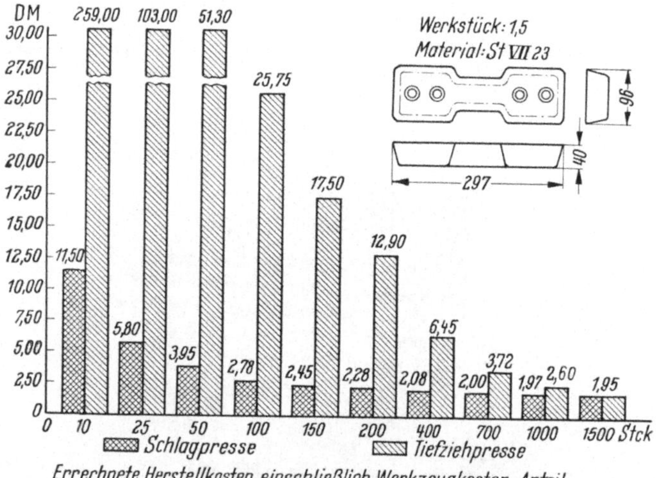

Abb. 112. Vergleich der Herstellerkosten eines Werkstückes kleiner Stückzahl auf der Schlagpresse und wahlweise auf der Tiefziehpresse hergestellt

Arbeitsbeispiele: Für das in Abb. 112 oben rechts gezeigte Teil lag ein Auftrag über 1800 Stück vor. Bis zur Fertigung der beim Besteller in Arbeit befindlichen Stahlwerkzeuge, für die später einsetzende Massenfertigung, wurden Zinkwerkzeuge auf der Schlagpresse verwendet. Zur Herstellung waren drei Arbeitsvorgänge erforderlich. Ein Vergleich zeigt die aufgewendeten Herstellkosten unter Berücksichtigung der in beiden Fällen aufgewendeten Werkzeuge und Fabrikationseinrichtungen. Besonders zu beachten ist die bei anlaufender Fertigung notwendige kurzfristige Lieferzeit. Stahlwerkzeuge, deren Einsatz für die Massenfertigung einer laufenden, ununterbrochenen Fabrikation in Frage kommen, erfordern eine bedeutend längere Herstellungszeit. Gesenke aus Zinkguß können, wie es z. B. bei diesem Werkstück der Fall ist, in 24 Stunden einsatzbereit sein. Teile nach Abb. 112 sind schon in 4 Tagen

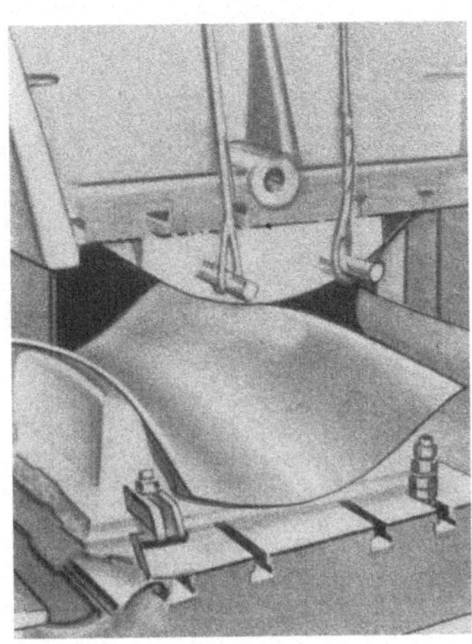 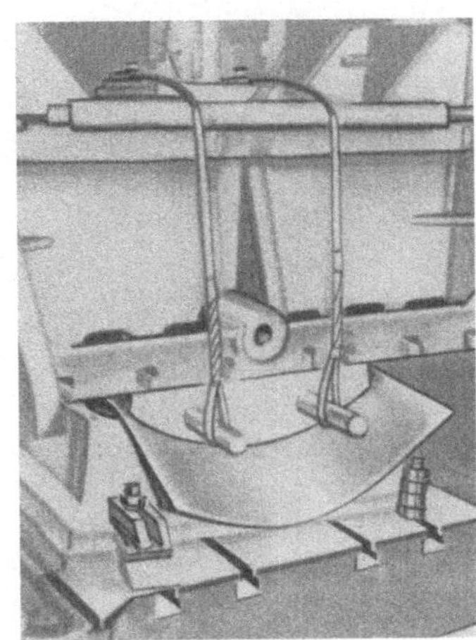

Abb. 113   Abb. 114
Formen von Segmenten, Werkstoff 4 × 13 Cr

lieferbar. Zusammengefaßt betrachtet, zeigt sich die wirtschaftliche Überlegenheit des Verfahrens gegenüber der allgemeinen Ziehtechnik innerhalb einer gewissen Grenze der Stückzahl, in diesem Falle von 10···1500 Stück.

Die Abb. 113 und 114 zeigen die Schlagpresse in Arbeitsstellung. Es werden Blechsegmente von 4 mm Dicke aus 13%igem Chromstahl geformt. Abb. 113 läßt den Durchgang zum Umformen der 1150 mm langen Tafel erkennen, Abb. 114 zeigt die fertige Form. Die geschlagene Form muß der Kontrollehre genau entsprechen, da bei der Weiterverarbeitung zu einem geschlossenem Ring ein Nacharbeiten des festen Werkstoffes an den Stößen nicht mehr stattfinden kann. Durch Nacharbeit würde die Oberfläche des Werkstückes beulig werden. Der Stempel des Werkzeuges wird mit Drahtseilen fest an den Pressenbär gezogen. Gegen Verschieben ist er in der Fläche des Bäres gesichert.

Abb. 115: Man erkennt, wie eine Haube aus 2 mm dickem Aluminiumblech DIN 99,5 hergestellt wird. Die Fertigung aus einem Stück kommt nicht in Betracht, da sowohl Bearbeitungsschwierigkeit als auch Materialbeschaffung es nicht zulassen. Kleinere Werkstücke dieser Art würde man drücken. Bei den hier vorliegenden Abmessungen fällt diese Arbeitsweise fort, da sie besondere Einrichtungen erfordern würde, sofern überhaupt Blechtafeln hierfür zur Verfügung stehen. Es ist also nur die geteilte Fertigung möglich, wobei das Zusammenfügen von Segmen-

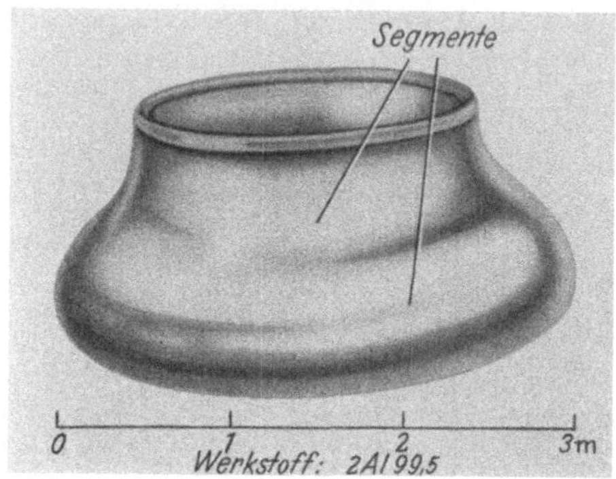

Abb. 115. Luftführung

Abb. 116. Rahmen für Kühlerhaube,
Werkstoff. U St 13, 1,5 mm

ten sich als die wirtschaftlichste Herstellungsart erwiesen hat. Die Segmente müssen aber in Gesenken mit sauber geglätteten Bahnen geschlagen werden. Treiben mit dem Hammer scheidet aus, da die Oberfläche nach dem Zusammenschweißen poliert wird und Hammereindrücke sich durch Schleifen nicht beseitigen lassen. Für die verschiedenartig gekrümmten Bahnen der Oberfläche sind auch diesen Krümmungen entsprechend Gesenke herzustellen. Das Austragen der Formen erfordert natürlich große Geschicklichkeit und Erfahrung, denn an die Maßhaltigkeit der Werkteile werden oft beachtliche Anforderungen gestellt und unter Berücksichtigung der z. T. handwerklichen Fertigung erstaunlich gut eingehalten. Das Zusammenpassen der Segmente erfolgt auf einem Stahlgerüst. Es ist nur zusammengeheftet und so gebaut, daß die zur Herstellung erforderlichen Aufnahmen der Segmentanlagen maßhaltig sind.

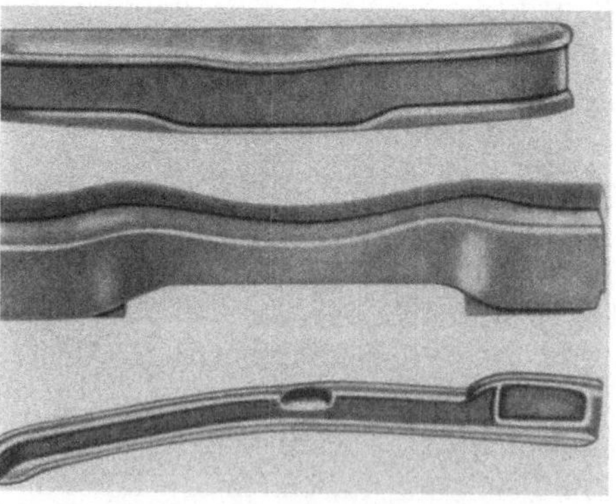

Abb. 117. Einzelteile, Werkstoff U St 14, 1,5 mm

Abb. 116: Diese Ausführung des Rahmens ist aus einer sehr

guten Überlegung eines Konstrukteurs hervorgegangen. Die frühere, gegosseneKonstruktion hatte das zwölffache Gewicht der heutigen Blechausführung. Das Fertigteil ist aus 8 gepreßten, miteinander verschweißten

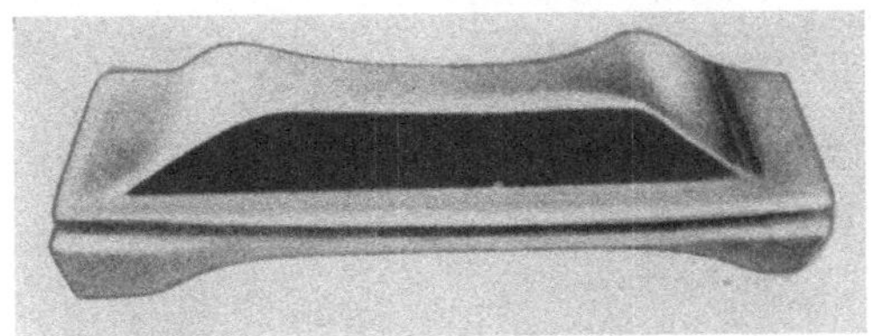

Abb. 118. Werkstück vorgearbeitet, Werkstoff U St 13, 1,5 mm

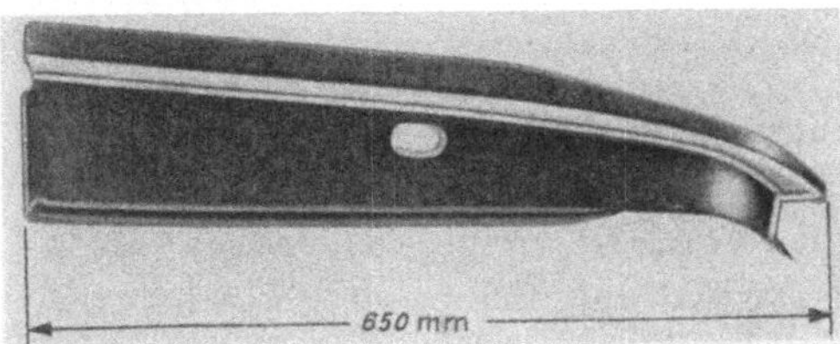

Abb. 119. Seitenteil, Werkstoff U St 13, 1,5 mm

Stücken zusammengesetzt. Abb. 117 zeigt oben und in der Mitte das Oberteil, Abb. 118 das Unterteil und Abb. 119 ein Seitenteil. Die sinnvoll durchgeführten Rippen geben eine solide Verstärkung des Arbeitsstückes. Gegenüber der Gußausführung besteht der weitere, ebenfalls zu beachtende Vorteil darin, daß die Konstruktion elastischer ist. Zusammengesetzte Ausführungen helfen wertvollen Werkstoff einsparen,

der beim Fertigen aus einem Stück durchTiefziehen vielfach verlorengeht. Abb. 117 unten zeigt das Teil eines Autotürrahmens. Die Ausbuchtung zur Aufnahme des Schlosses ist zu erkennen.

Abb. 120: Beim Pressen von Teilen wie der Platte für einen Elektroherd bildet sich wenig Verzug. Das ist auf die geringere Umformung und ferner darauf zurückzuführen, daß die Blechdicke von 2,5 mm ein Strecken, also eine Querschnittschwächung möglich macht. Weichglühen der

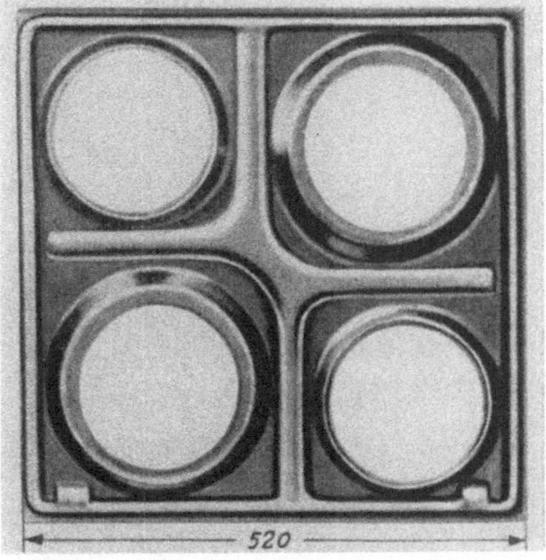

Abb. 120. Herdplatte, Werkstoff U St 12, 2,5 mm

Blechtafel vor dem Pressen ist zur besseren Fließbildung und der damit verbundenen Arbeitserleichterung zweckmäßig.

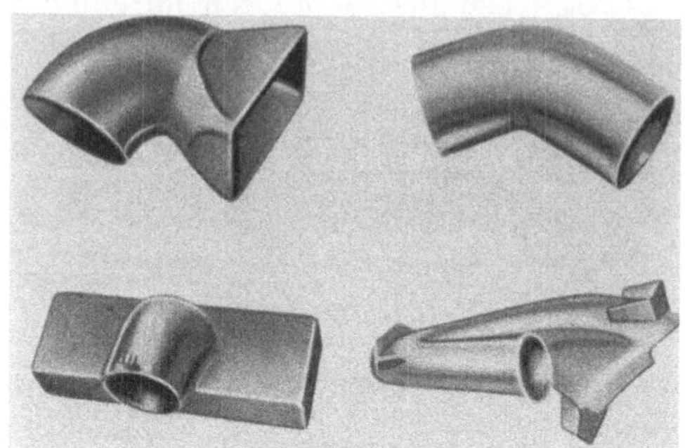

Abb. 121. Rohrleitungsabzweige, Werkstoff U St 13, 1 mm

Abb. 121: zeigt verschiedene Ausführungen, die nach dem Pressen der einzelnen Teile auf der Schlagpresse durch Schweißen zu Werkstücken verbunden sind. Derartige Teile lassen sich in allen Werkstoffarten fertigen. Die Art der Schweißung (Lichtbogen, Autogen usw.) wird allgemein von der Konstruktion, dem Werkstoff und der Festigkeit und der verlangten Dichte bestimmt. Ist Schweißen nicht möglich, wird hartgelötet. Scharfe Ecken, wie sie an den verschiedenen Teilen zu erkennen sind, würden beim Schlagen aus der vollen Platine reißen. Zur Erleichterung des Arbeitsganges werden in der Platine die Ecken sachgemäß ausgeklinkt und nach dem Umformen die zusammengefügten Stellen verschweißt.

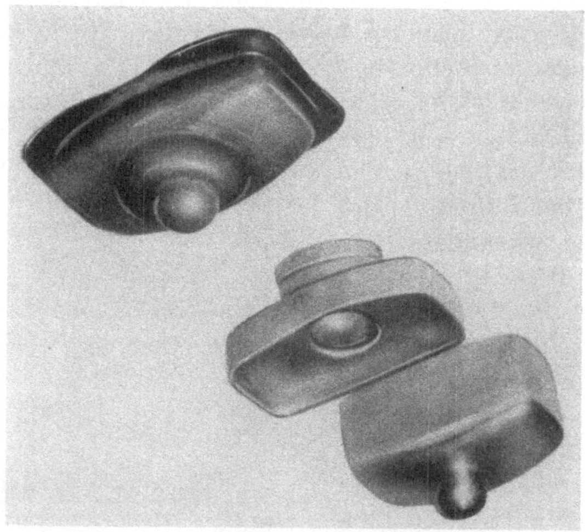

Abb. 121a. Zinkwerkzeug für Blechumformung

3.3.3.1 Ziehteil mit Zinkwerkzeug hergestellt

Zinkwerkzeuge zum Schneiden und Umformen kommen vor allem dann in Frage, wenn es sich um kleinere Stückzahlen handelt und die Anfertigung eines Stahlwerkzeuges nicht lohnt. Zinkschnittplatten eignen sich zum Ausschneiden und Lochen von Werkstücken aus Stahlblech bis etwa 35 kp/mm² Festigkeit und 1 mm Blechdicke. Ein Anwendungsbeispiel eines Zinkwerkzeuges für die Blechumformung zeigt Abb. 121a. Das Unterteil besteht aus Zinklegierung, der Stempel aus Stahl; als Werkstoff für das Werkstück wurde Messing von 0,9 mm Dicke verwendet.

3.3.4 Gummischneid- und Ziehverfahren

Hier sei noch auf das Gummischneid- und Ziehverfahren hingewiesen. Es wird dort eingesetzt, wo Leichtmetalle und seine Legierungen (z. B. in der Flugzeugindustrie) verarbeitet werden, man sich jedoch infolge der kleinen Stückzahlen aus Wirtschaftlichkeitsgründen nicht an die Stanztechnik binden kann. Dieses Verfahren ermöglicht es, mit einer einfachen etwa 6 mm dicken Stahlblechschablone (kein Werkzeugstahl) beliebig geformte Bleche auszuschneiden und evtl. darin befindliche Löcher mit auszuschneiden. Die Abb. 122a—c zeigen verschiedene Formen von Schablonen.

Der *Schneidvorgang* ist folgender: An dem Stößel einer Exzenterpresse wird ein Gummipolster befestigt, das aus mehreren Lagen eines eigens hierzu entwickelten Spezialgummis besteht. Der Gummi ist in einem Kasten untergebracht und die Schablone kommt auf eine Platte

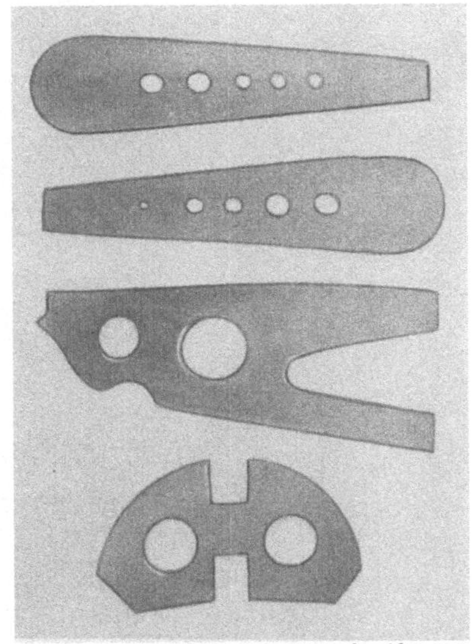

Abb. 122a. Schablonen zum Ausschneiden von Leichtmetallblechteilen, Außenform und Bohrungen werden in einem Niedergang des Pressenstößels ausgeschnitten

zu liegen, deren äußerer Umfang genau in die Öffnung des Gummikastens paßt. Nur auf diese Weise ist es erreichbar, daß der Gummi nach keiner Seite ausweichen kann, was die Voraussetzung ist, um die erforderlichen hohen spezifischen Drücke zu erreichen. Auf dem Tisch der Presse werden nun eine oder *meist mehrere der* abgebildeten *Schablonen* gelegt und über diese das Bleckstück, aus dem das Teil auszuschneiden ist. Hierauf wird die Maschine eingerückt und schneidet nun im Niedergehen das Blechstück aus. Wesentlich ist, daß ein genügend hoher Druck aufgebracht wird. Dieses Verfahren liefert bis zu Blechdicken von

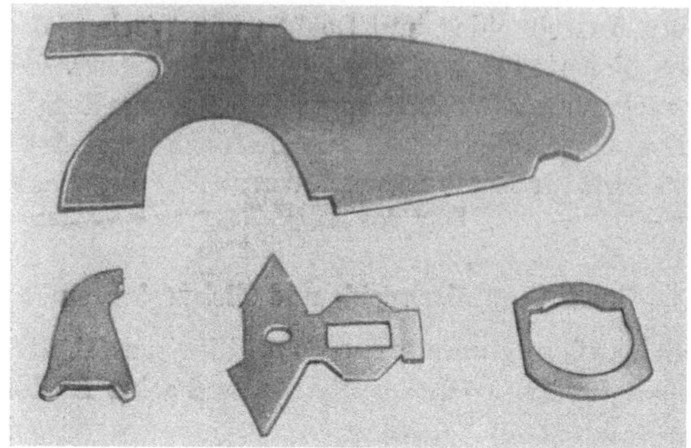

Abb. 122 b. Verschiedene Schablonen zum Ausschneiden von Leicht-
metallblechen

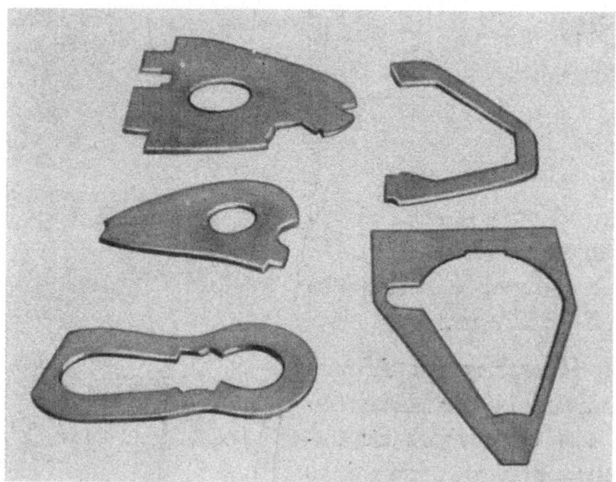

Abb. 122 c. Verschiedene Schablonen zum Ausschneiden von Leicht-
metallblechen

1,2 mm vollständig gratfreie Schnitte. Bemerkenswert ist, daß selbst nach einigen Tausend Schnitten noch keine Zerstörung des Gummis wahrzunehmen ist.

Für das *Abkanten* und *Bördeln* wird ebenfalls weitgehendst das Gummipolster verwendet. Abb. 123 zeigt z. B. zwei Profile, für die normalerweise 5 bzw. 6 Biegungen notwendig sind. Mit den abgebildeten Werkzeugen ist es jedoch möglich, mittels des Gummipolsters sämtliche Biegungen mit einem Preßdruck auszuführen.

Sogar für das *Ziehen* kann dieses Verfahren erweitert werden. Abb. 124 zeigt eine Rippe, bei der Bord, Gegenbördel und die Durchzüge mit einem Arbeitsvorgang gemacht sind. Ferner zeigt Abb. 125 eine

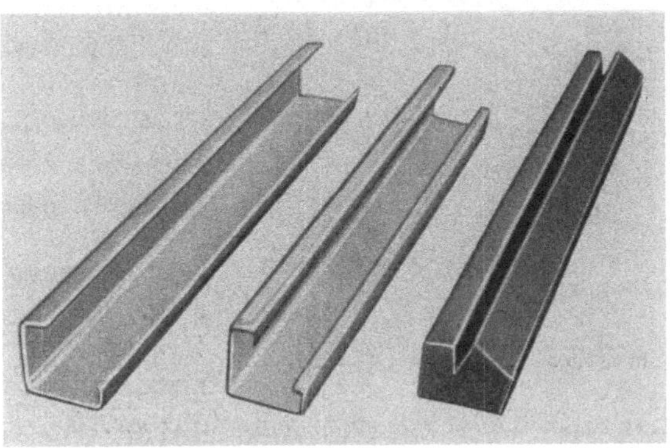

Abb. 123. Profile in einem Arbeitsschub mittels Gummi gepreßt, Blechdicke 0,1 mm. Man beachte das einfache Werkzeug

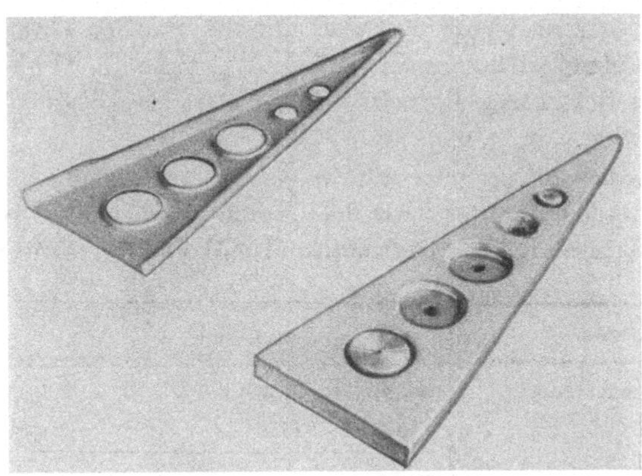

Abb. 124. Bord 14 mm hoch, Gegenbord 4 mm breit, Durchzüge 5 mm tief, in einem Arbeitshub mit Gummi gepreßt. Blechdicke 0,8 mm. Man beachte das einfache Werkzeug

Schale aus 1,5 mm dickem Blech, die ebenfalls nach diesem Verfahren hergestellt ist.

Die Abb. 126 zeigt verschiedene Formen von Gummiwerkzeugen [37]. Das Unterteil ist hier aus Holz, Kunstholz (Lignofol, Lignostone u. ä.), Kunststoff oder Magnesium. Der Stempel ist aus Gummi einer bestimmten mittleren Härte, der bei kleinen und mittleren Werkzeugen durch eine Manschette eingefaßt wird, um ein zu großes Kriechen zu verhindern. Der vor dem Beginn einer Umformung auf dem Blech aufsitzende

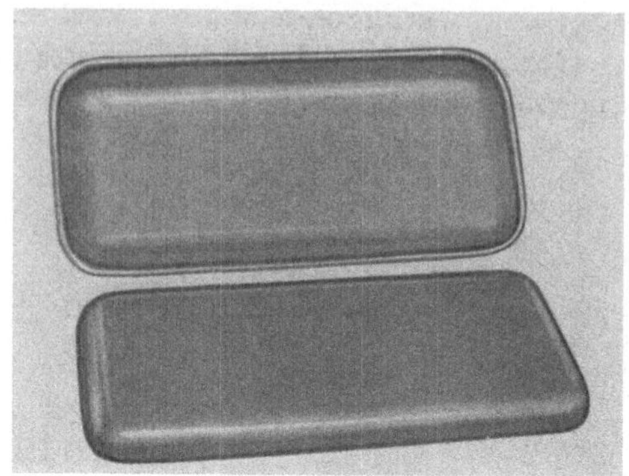

Abb. 125. Schale 300 mm lang, 145 mm breit, 26 mm tief, Blechdicke 1,5 mm in einem Arbeitshub mit Gummi gepreßt

Gummistempel wirkt zugleich als Blechhalter, wobei sich naturgemäß mit fortschreitendem Ziehvorgang der Blechhalterdruck erhöht. Durch den Fortfall eines Oberstempels wird dieses Werkzeug besonders wirtschaftlich. Selbst bei großen Stückzahlen ist die Gummiabnutzung nur gering. Praktisch ist dieses Ziehverfahren — ein Tiefziehen mit Blechhaltung — an einer einfach wirkenden Ziehpresse ausführbar. Die Umformungsarbeit überträgt dabei der Gummi, der dementsprechende Eigenschaften besitzen muß. Entscheidend ist dabei seine Härte und der Elastizitätsmodul, der Wert ε.

Verwendbar zum Tiefziehen sind nur die weichen Gummisorten, die bei den auftretenden hohen Enddrücken genügende Widerstandsfähigkeit besitzen, bei großer Formänderung nicht zu spröde sind und nicht frühzeitig reißen.

Für die *Auswahl geeigneter Gummisorten* gelten in etwa die Shore-Härtegrade nachstehender Tabelle. Weichere elastische Stoffe als 30° Shore und härtere als 80° Shore sollten nicht verwendet werden.

Art der Arbeit	Werkstoffart	Shore-Härte
Ziehen und Umformen	weiche Bleche bis 0,5 mm ($\sigma_B < 15$ kp/mm²)	30—40°
	bis 0,8 mm	40—50°
	bis 1,2 mm, sowie mittelharte bis 0,5 mm ($\sigma_B < 35$ kp/mm²)	50—60°
Einfache Biegearbeiten	weiche Bleche bis 1,5 mm und mittelharte Bleche bis 1 mm	65°
Schneiden	weiche Bleche bis 1,5 mm	70°
	mittelharte Bleche bis 0,8 mm	80°
Gleichzeitiges Schneiden und Umformen	weicher Bleche bis 1,5 mm und mittelharte Bleche bis 0,8 mm	65—70°

Die wichtigsten Sorten wären: Effbe– (ölbeständig) oder Effbe 95– (nicht ölbeständig). Es kommen auch noch die Sorten Para grau (35°), Steam (51°) und LFBRI 60° zum Einsatz. Mit diesen Qualitäten wird man in der Praxis allgemein auskommen. Um der Zerstörung des Gummis entgegenzuwirken, ist es unbedingt erforderlich, daß man den Gummi nach allen Seiten hin befestigt. Nur so kann man die hohen erforderlichen Drücke beherrschen.

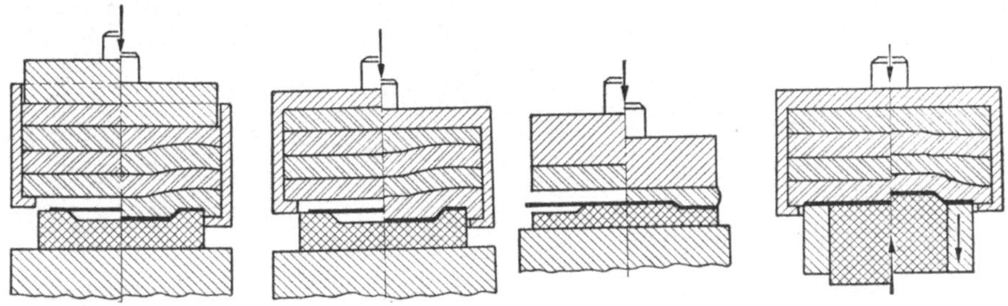

Abb. 126

Das Kissen besteht meistens aus mehreren übereinander gelegten Gummiplatten. Die Dicke kann verschieden sein. Verklebung nicht notwendig. Vorteil, daß die schneller verschleißende unterste Platte leicht ausgetauscht und an anderer Stelle im Kissen weiter verwendet werden kann. Die Dicke der Platten wird man den gegebenen Verhältnissen anpassen. Größe, Form und Material des Werkstückes bestimmen die Fläche und Höhe des Gummikissens. Sie bestimmen weiterhin den aufzuwendenden Preßdruck nach den spezifischen Erfordernissen für die Anwendung von Gummi-Ziehkissen

Für Flachzüge, wie z. B. Flügelrippen usw. ergeben Versuchsreihen einen Flächeneinheitsdruck von 100—300 kp/mm², je nach Form des Ziehstückes, was bei der Bestimmung der Größenabmessung und Druckleistung von Gummipressen von ausschlaggebender Bedeutung ist. Hieraus erkennt man, daß für einen Arbeitsbereich von 1500 × 1500 mm der Pressendruck bei rd. 2000 Mp liegt, was mit den in Deutschland und der USA gemachten Erfahrungen gut übereinstimmt.

3.3.5 Neuere Ziehverfahren [*31, 32, 33*]

Neben den klassischen Ziehverfahren wurden in den letzten Jahren noch einige *Ziehverfahren* entwickelt, auf die hier noch hingewiesen werden soll. Nachstehende Tabelle gibt eine Übersicht über den Aufbau der Werkzeuge (Abb. 127).[1]

Von diesen haben nur das Marform- und das *Hydroformverfahren* Bedeutung. Speziell mit dem Hydroformverfahren (s. Abb. 128) sind Rationalisierungserfolge erzielt worden. Vorteile bestehen hinsichtlich Ziehtechnik und Werkzeuggestaltung. Gegenform (Matrize) ist nicht erforderlich. Mehrere Arbeitsvorgänge gegenüber den üblichen Tiefziehverfahren können eingespart werden. Einsparung bei den Werkzeug-

---

[1] G. OEHLER: Elastische Druckmittel zum Umformen von Blechen, Werkstattst. H. 1 (1959) S. 17/22.

	Verfahren	Abbildung	Erläuterungen
1	**Gnérin** (Douglas Aircraft Corp., Santa Monica)	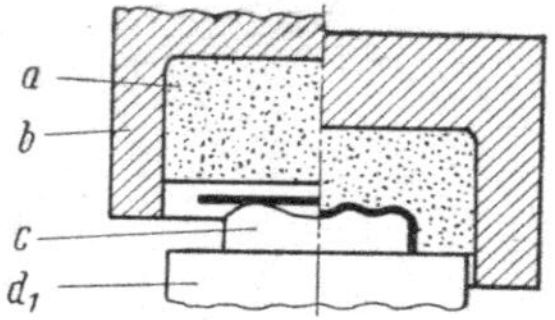	a — Gummikissen b — Gummikoffer c — Kernstempel d_1 — Tisch bzw. Tauchplatte c u. d feststehend
2	**Morform** (Glenn Martin Corp. Baltimore)	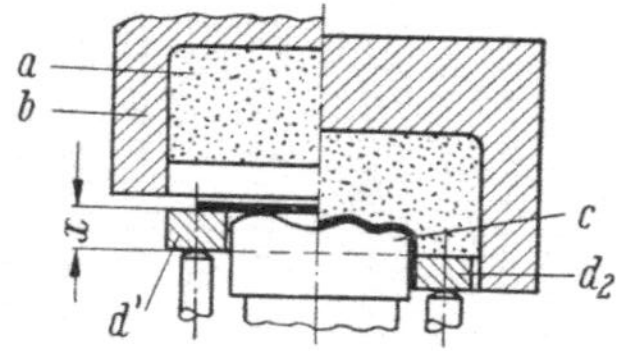	d — durchbrochene Blechhalterplatte c — feststehend d_2 — beweglich um x nach unten
3	**Hydroform** (Cincinnati Milling Mach. Co., Cincinnati)	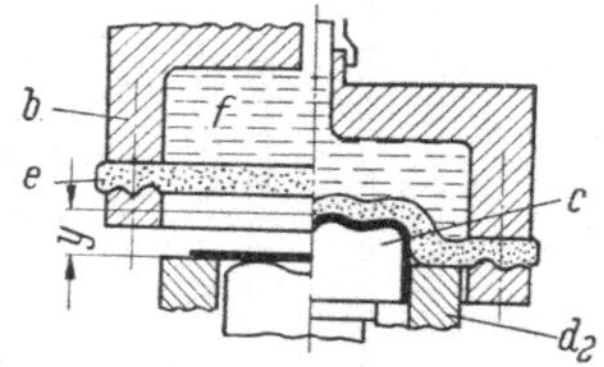	e — Gummimembran f — Druckflüssigkeit c — beweglich um y nach oben d_2 — feststehend
4	**Hidraw** (Vultee Aircraft Corp. HPM, Mount Gilead)	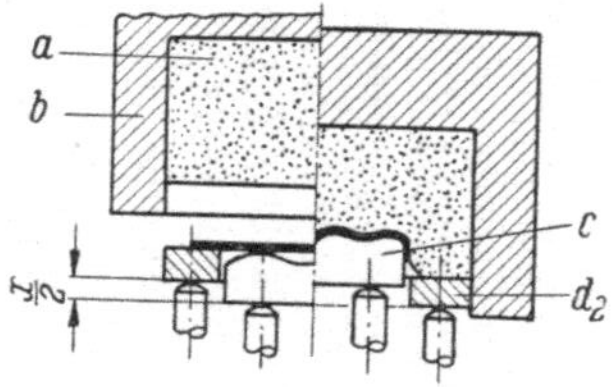	c — beweglich um $y/2$ nach oben d_2 — beweglich um $x/2$ nach unten
5	**Wheelon** (Verson-Allsteel-Press-Comp., Chicago)	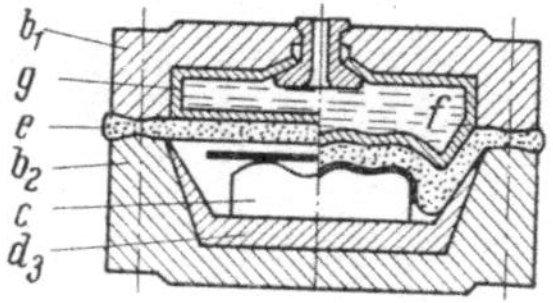	g — Gummisack b_1 — oberes Gehäuseteil b_2 — unteres Gehäuseteil d_3 — seitlich einschiebbarer Tisch

Abb. 127a—c

kosten. Wirtschaftlicher Nachteil: Spezialmaschinen erforderlich, kleine Leistungen, nur für Musterfertigung.

Abhilfe wurde geschaffen durch Entwicklung des *Hydromechanischen Werkzeuges* (s. Abb. 129). In diesem Werkzeug wurde zusätzlich ein Ziehring angeordnet, wodurch die Schwierigkeiten hinsichtlich der großen Kräfte am Gegenhalter umgangen wurden. Dadurch ist das Werkzeug zur Massenfertigung für normale, einfachwirkende hydraulische oder mechanische Pressen mit Ziehkissen oder für zweifach wirkende Pressen brauchbar. (Beispiel: Großziehverhältnis $\beta_{max} = 2{,}8$ bei Ms 63, Stempeldurchmesser 32 mm, Blechdicke $s = 0{,}5$ mm.)

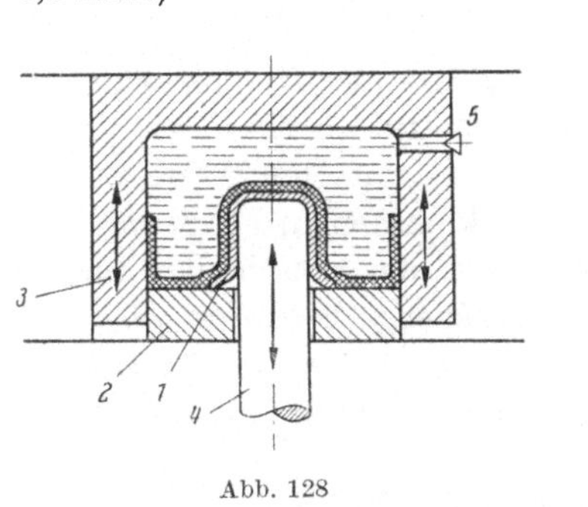

Abb. 128

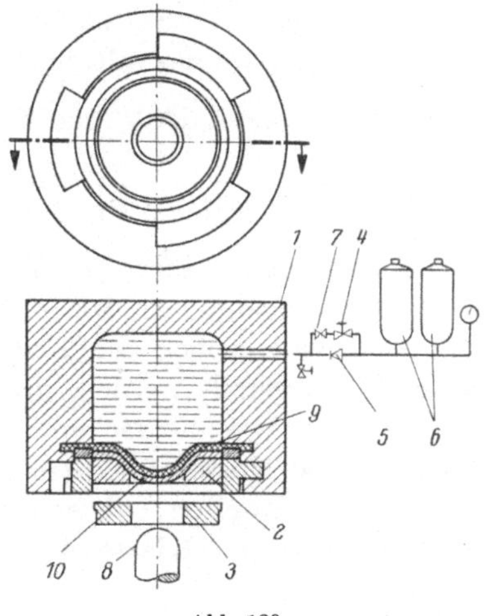

Abb. 129

Abb. 128. Schematische Darstellung des Hydroformverfahrens. *1* = Werkstück, *2* = Gegenhalter, *3* = hydraulisches Kissen, *4* = Stempel, *5* = Druckregelventil

Abb. 129. Hydromechanisches Werkzeug und Druckregeleinrichtung für große Leistungen; verwendbar für zweifach wirkende Pressen und einfach wirkende Pressen mit Ziehkissen

1 Hydraulisches Kissen, *2* Ziehring, *3* Blechhalter, *4* Ölrücklaufventil, *5* Rückschlagventil, *6* Speicher, *7* Drossel, *8* Stempel, *9* Dichtmembran, *10* Schutzmembran

4 Wirtschaftlichkeitsberechnung und Grenzstückzahlen
[*15, 47, 49*]

Die oft hohen Werkzeugkosten belasten die Herstellkosten der Werkstücke. Sie müssen daher so niedrig wie möglich gehalten werden. Dieses Ziel kann insbesondere durch den Einsatz der jeweils wirtschaftlichsten Werkzeugart erreicht werden.

Ein unentbehrliches Mittel dazu ist die vorherige Durchführung von Wirtschaftlichkeitsberechnungen bzw. die vorherige Ermittlung der Werkstück-Herstellkosten unter gleichzeitiger Berücksichtigung mehrerer vergleichbarer Werkzeugarten und -ausführungen.

4.1 Ermittlung der Werkzeugkosten je Werkstück

W_a Neuwert (Selbstkosten) des Werkzeuges

W_u Restwert des Werkzeuges am Ende der letzten Standzeit

$W_a{-}W_u$ Beschaffungsaufwand des Werkzeuges

n_s Zahl der Nachschliffe

W_s Kosten je Nachschliff

$n_s \cdot W_s$ Instandhaltungsaufwand des Werkzeuges

n_{WT} Zahl der Werkstücke je Standzeit

$n_s + 1$ Zahl der Standzeiten des Werkzeuges

$n_{WT} \cdot (n_s + 1)$ Zahl der mit dem Werkzeug hergestellten Werkstücke

$$\text{Werkzeugkosten je Werkstück } K_W = \frac{W_a - W_u + n_s \cdot W_s}{n_{WT}\,(n_s + 1)}.$$

4.2 Kostenvergleich für die Herstellung eines Leuchtschirmes

Als Beispiel sei hier ein *Kostenvergleich für die Herstellung eines Leuchtschirmes* gebracht. Die Auftragsstückzahl betrage 300 000 Stück. Im ersten Falle sollen die Leuchtschirme mit vier Werkzeugen der Klasse II hergestellt werden, und zwar kommen in Frage ein Schnittzeug, ein Randbeschneider, ein Locher und ein Einschneid- und Biegewerkzeug. Die Kosten für diese vier Werkzeuge betragen beispielsweise 3320 DM. Im zweiten Fall sollen die Lampenschirme mit einem Verbundwerkzeug der Klasse I hergestellt werden. Dieses Werkzeug kostet 4750 DM.

Die Fertigungszeit für 100 Teile mit den Werkzeugen der Klasse II beträgt 38,5 min bei Lohngruppe 2 F, die Gesamtkosten für 100 Teile einschließlich Werkstoff 2,28 DM.

Die Fertigungszeit für 100 Teile mit dem Verbundwerkzeug der Klasse I beträgt nur 5,9 min bei Lohngruppe 3 F, die Gesamtkosten für 100 Teile einschließlich Werkstoff betragen 1,67 DM. Die Kosteneinsparung für 100 Teile ist also 2,28 — 1,67 = *0,61 DM/100 Teile*.

Die Differenz der Werkzeugkosten (absolut) ist 4750 — 3320 = 1430 DM.

Die Herstellkosten für 300 000 Stück Leuchtschirme mit Werkzeugen der Klasse II betragen also 3320 + 2,28 × 3000 = 3320 + 6840 = 10 160 DM; mit Werkzeugen der Klasse I 4750 + 1,67 × 3000 = 4750 + 5010 = 9760 DM.

Die wirtschaftlichste Losgröße (Grenzstückzahl) errechnet sich aus der Differenz der Werkzeugkosten dividiert durch die Differenz der Werkstückkosten. Im vorliegenden Beispiel also $\dfrac{4750-3320}{0,61} \times 100$

$$= \frac{4310}{0,61} \times 100 = 234\,420 \text{ Stück.}$$

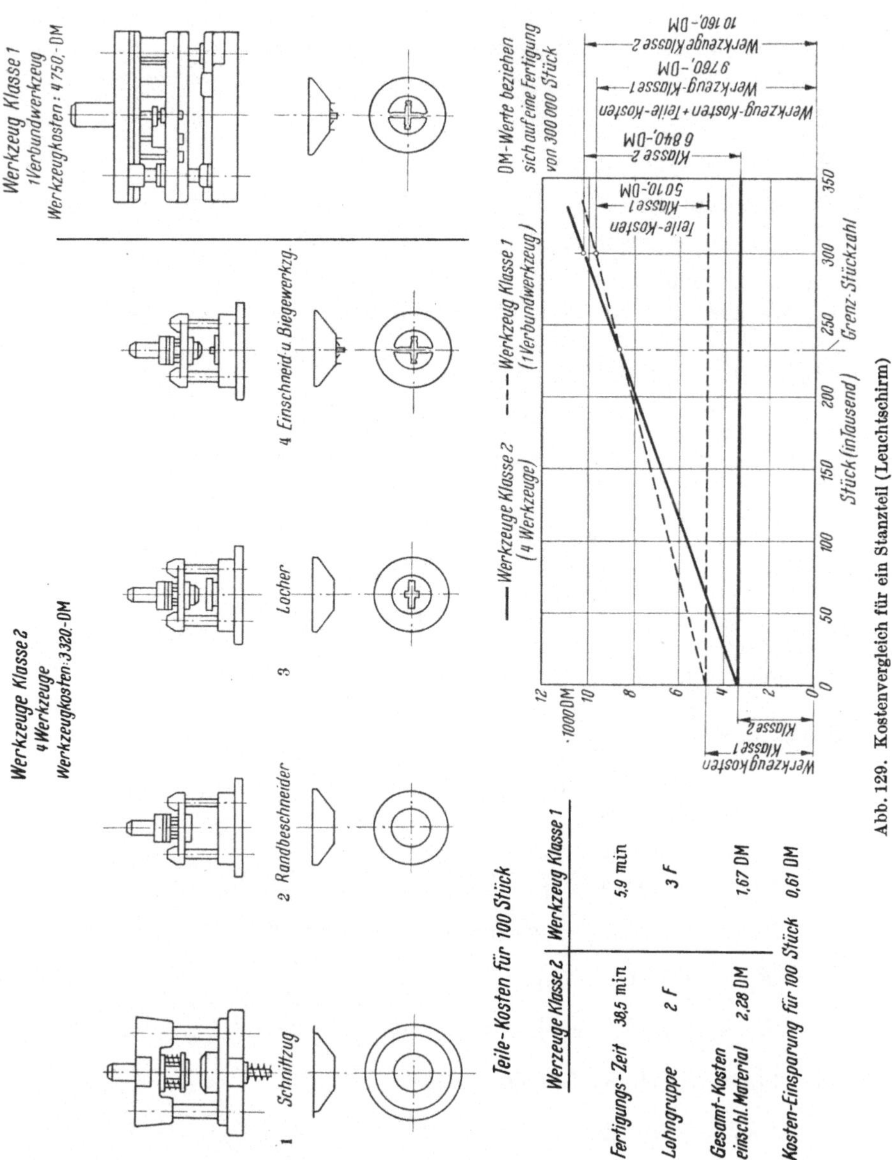

Teile-Kosten für 100 Stück

	Werkzeug Klasse 2	Werkzeug Klasse 1
Fertigungs-Zeit	38,5 min	5,9 min
Lohngruppe	2 F	3 F
Gesamt-Kosten einschl. Material	2,28 DM	1,67 DM
Kosten-Einsparung für 100 Stück	0,61 DM	

Abb. 129. Kostenvergleich für ein Stanzteil (Leuchtschirm)

Von dieser Stückzahl an ist der Einsatz eines Verbundwerkzeuges wirtschaftlicher (s. Abb. 129).

Nachstehend soll ein weiteres Beispiel aus der Praxis durchgerechnet werden.

Fall 1

Es soll ein Ziehteil hergestellt werden bei einer Auftragsstückzahl von 600000 Stück, und zwar im 1. Fall mit zwei Werkzeugen der Klasse II.

Die Arbeitsfolgen sind:

1. Streifen schneiden
2. Ausschneiden und vorziehen (Mehrfachwerkzeug)
3. Ziehen, lochen und ziehen, Rand beschneiden
   (2. Werkzeug; zweimal einlegen, 2 Folgen).

Folgende Voraussetzungen sind gegeben:

	I. Werkzeug	II. Werkzeug
K_{w1}	gesucht	gesucht
W_{a1}	665,—	500,—
W_{u1}	0	0
n_{s1}	3	9
W_{s1}	16	15
n_{wt1}	150000	60000

$$K_{w1} = K_{w\,\text{I.Werkz.}} + K_{w\,\text{II.Werkz.}}$$

$$K_{w\,\text{I.Werkz.}} = \frac{W_a + n_s \cdot W_s}{n_{wt1}\,(n_s + 1)} \cdot 100$$

$$= \frac{665 + 3 \times 16}{150000\,(3 + 1)} \cdot 100 = \frac{713 \times 10^2}{6 \times 10^5} = 0{,}118 \ \text{DM\%}$$

$$K_{w\,\text{II.Werkz.}} = \frac{500 + 9 \times 15}{60000\,(9 + 1)} \cdot 100 = \frac{635 \times 10^2}{6 \times 10^5} = 0{,}106 \ \text{DM\%}$$

$$K_{w1} = K_{w\,\text{I.Werkz.}} + K_{w\,\text{II.Werkz.}} = 0{,}118 + 0{,}106 = \mathit{0{,}224\ DM\%}$$

$$K_{f1} = T\,\% \,(L + G_f)$$

$$K_{f1} = 15{,}1\,(1{,}9 + 5) = 104{,}2 \ \text{Pfg.} = 1{,}042 \ \text{DM\%}$$

hinzu kommt noch K_f' für das Streifenschneiden

$$K_f' = 1{,}78 \ \text{Pfg. oder } 0{,}018 \ \text{DM\%}$$

$$K_{f1\,\text{ges.}} = 1{,}042 + 0{,}018 = \mathit{1{,}06\ DM\%}$$

$$K_{m1} = \mathit{1{,}9\ DM\%}$$

$$K_{h1} = K_{f1\,\text{ges.}} + K_{m1} = 1{,}06 + 1{,}9 = 2{,}96$$

$$K_{h1} = 2{,}96 \ \text{DM\%}$$

Fall 2

Wahlweise sollen die Ziehteile mit einem Folgeziehwerkzeug der Klasse I gefertigt werden. Auftragsstückzahl ist wieder 600000 Stück.

Die Rechnung ist analog.

K_{w2}	gesucht
K_{a2}	3200,—
W_{u2}	180,—
n_{s2}	5
W_{s2}	40,—
n_{wt2}	100000

$$K_{w2} = \frac{W_{a2} - W_{u2} + n_{s2} \cdot W_{s2}}{n_{wt2}\,(n_{s2} + 1)}$$

$$K_{w2} = \frac{3200 - 180 + 5 \cdot 40}{100000\,(5 + 1)} \cdot 100 = \frac{3220 \cdot 10^2}{6 \cdot 10^5} = 0{,}537 \text{ DM\%}$$

$$K_{f2} = T\,\% \,(L + G_f) = 3\,(2{,}18 + 5{,}5) = 23{,}04 \text{ Pfg.} = 0{,}230\,DM\%$$

$$K_{m2} = 2{,}16\,DM\%$$

$$K_{h2} = K_{L2} + K_{m2} = 0{,}23 + 2{,}16 = 2{,}39$$

$$K_{h2} = 2{,}39 \text{ DM\%}$$

Kostenersparnis: $D = K_{f1} - K_{f2}$

$$D = 2{,}96 - 2{,}39 = 0{,}57\,DM/\%$$

Die wirtschaftliche Grenzstückzahl errechnet sich aus der Formel:

$$n_{gI} = \frac{K_{wII} - K_{wI}}{D} \text{ (absolut)}$$

$$K_{wI} = 665 + 500 = 1165\,DM$$

$$K_{wII} = 3200\,DM$$

$$n_{gr} = \frac{3200 - 1165}{0{,}57} \cdot 100 = \frac{2035 \times 100}{0{,}57}$$

$$n_{gr} = 357\,000 \text{ Stück}$$

Die wirtschaftliche Grenzstückzahl liegt also bei rund 357000 Stück, d. h. bei der vorliegenden Auftragsstückzahl von 600000 Stück wird man ein Werkzeug nach Fall 2 für die Fertigung einsetzen.

4.3 Ermittlung der Grenzstückzahlen

4.3.1 Ermittlung der Grenzstückzahl unter Berücksichtigung verschiedener Gemeinkostensätze (s. Abb. 130)

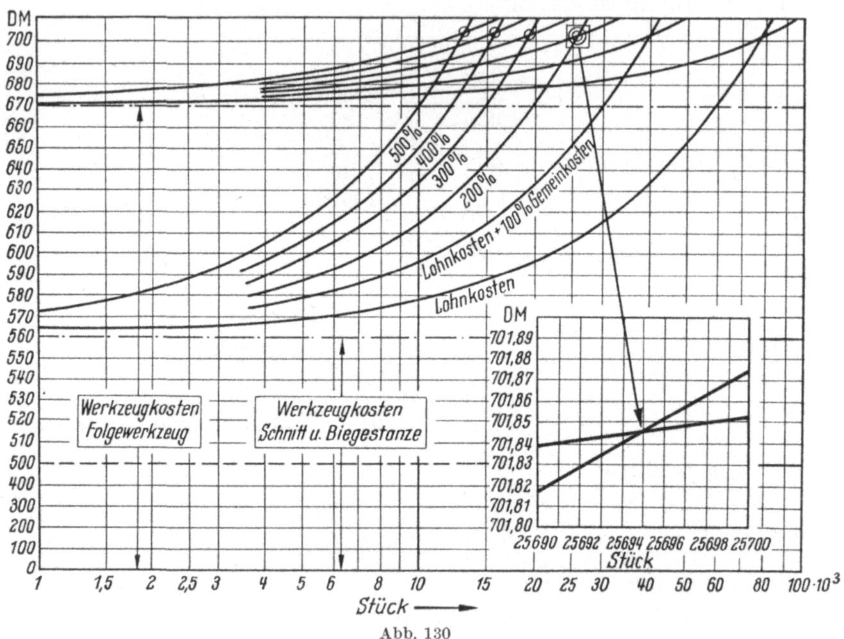

Abb. 130

4.3.2 Wirtschaftlichere Fertigung einer Rändelschraube

Von auswärts bezogene Rändelschraube nach DIN 434 wurde auf Kern-⌀ hinterdreht und mit Plombenbohrung 2,5 versehen. Das Griffstück wird aus Tiefziehblech gezogen und gelocht, der von auswärts bezogene mit gerolltem Gewinde versehene Gewindebolzen stumpf angeschweißt.

Die Umstellung erfordert einmaligen Mehraufwand an Werkzeugkosten für Stanzwerkzeuge in Höhe von 1550,— DM, die bei einem Auftrag von 4000 Stck amortisiert sind.

Bei einem angenommenen Bedarf von z. B. 10000 Stck beträgt die mengenmäßige Materialeinsparung 2,4 to, die Senkung der Werkstoffkosten 4300,— DM = 73%.

Die Herstellkosten vermindern sich um ebenfalls 4300,— DM = 69%. Nur die Fertigungskosten erhöhen sich durch vermehrten Arbeitsaufwand um 5%, daher der prozentuale Unterschied zwischen Werkstoff- und Herstellkosten.

Kostenermittlung	Menge	A früher	B jetzt	∓	Unterschied absolut	%
1. Bezeichnung		Rändelschraube nach DIN 434	Tiefziehblech Gewindebolzen			
2. Werkstoffbedarf	% Stck	30,6 kg	6,5 kg	—	24,1	79
3. Werkstoffkosten	10000 ,,	5190,— DM	848, —DM	—	4342,—	73
4. Fertigungskosten	10000 ,,	1050,— DM	1100, —DM	+	50,—	5
5. Herstellkosten	10000 ,,	6240,— DM	1948, — DM	—	4292,—	69
6. Werkzeugkosten (einmalig)			1550,— DM	+	1550,—	

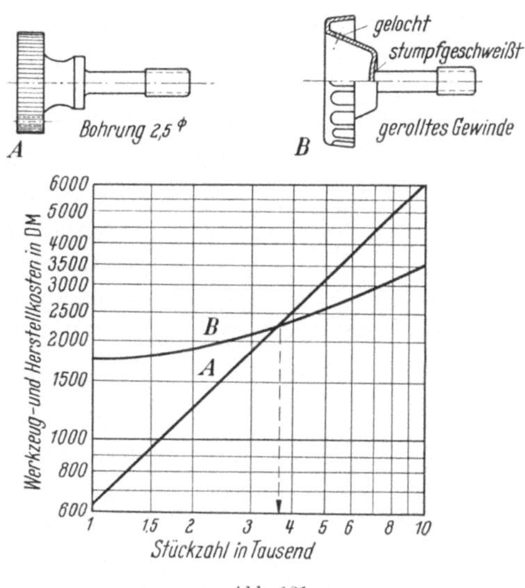

Abb. 131

4.3.3 Wirtschaftlichere Fertigung eines Klemmhebels

Klemmhebel aus Temperguß mit verschiedenen Lappenlängen.

Arbeitsvorgänge: Bohren in Vorrichtung 10, 6,5 und 6,2 mm ⌀
Verzahnung räumen, schlitzen 3 mm.

Klemmhebel aus Flachmaterial

Arbeitsvorgänge: abschneiden und vorlochen, verstellbaren Anschlag hochziehen.

Nur ein Satz Werkzeuge für verschiedene Hebellängen.
Räumen und schlitzen fällt fort.

Kostenermittlung	Menge	A früher	B jetzt	±	Ersparnisse absolut	%
1. Werkstoff und Bezeichnung		Te.G.92	Flachst. 2 × 16 DIN 174 St. 00K			
2. Werkstoffbedarf	22 300 Stck	1340 kg	500 kg			
3. Fertigungszeit	"	1435 Std.	78 Std.	—	1357	94,6
4. Werkstoffkosten	"	1556,— DM	400,— DM	—	2156,—	84,3
5. Fertigungslöhne	"	8438,— DM	458,— DM	—	7980,—	95
6. Herstellkosten	"	10994,— DM	858,— DM	—	10136,—	94
7. Werkzeugkosten (einmalig!)			525,— DM			

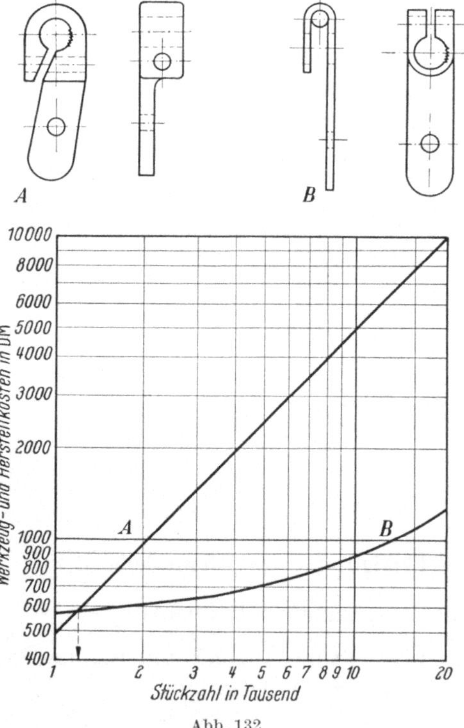

Abb. 132

Die Hebel werden in ca. 25 verschiedenen Längen benötigt. Die Ausführung in Temperguß erfordert neben einer entsprechenden Zahl von Gußmodellen eine unrationelle Lagerhaltung.

Die Umstellung auf eine Standardform vereinfacht und verkürzt die Lagerhaltung. Die Verwendung von Walzmaterial entlastet nicht nur die Gießerei, sondern verbilligt auch die Herstellung durch Fortfall der Nachbearbeitung um 94%.

Mit zwei Stanzwerkzeugen können mittels Anschlag sämtliche verlangten Hebellängen hergestellt werden; die vielen Bohrvorrichtungen werden überflüssig und die Werkzeughaltung wesentlich vereinfacht.

Bohrmaschinen und Räumbank werden entlastet und für andere Zwecke frei.

5 Glühen in der Stanztechnik [42]

Das Glühen als Arbeitsvorgang bei der Durchführung von Tiefzieharbeiten ist bekannt und gebräuchlich, dagegen schenkt man diesem Arbeitsvorgang bei anderen Umformverfahren der Stanztechnik, wie Biegen, Prägen, Kaltfließpressen, Aufweiten usw. im allgemeinen weniger Aufmerksamkeit. Recht oft läßt man hier den Einfluß des Glühens auf das Werkstück und das Werkzeug außer acht. Die Haltbarkeit des Werkstückes wird durch den beim Glühen erzielten Spannungsausgleich erhöht. Dauerbrüche werden verhindert und die Lebensdauer des Werkzeuges durch geringeren Verschleiß verlängert.

Bei mehrstufigen Umformungsarbeiten werden zur Auflockerung des Gefüges und um dadurch weitere Umformungen zu ermöglichen gern Zwischenglühungen vorgenommen, selten wird daran gedacht, daß bereits eine Glühung vor der ersten Umformung von großem Einfluß auf die Verarbeitung sein kann. Zubeschnittene Bleche, die vor dem ersten Arbeitsvorgang geglüht wurden, lassen einen höheren Umformungsgrad zu und benötigen einen geringeren Arbeitsdruck als die direkt von der Tafel oder vom Band entnommenen. Als Grund für die schwere Umformbarkeit ungeglühter Zuschnitte wird angenommen, daß bei Blechen oder Bändern der im Walzwerk nach der letzten Glühung erfolgte Dressierstich eine Verdichtung der Oberflächen bringt. Diese Annahme wurde bei einer Werkstoffuntersuchung bestätigt. — Ferner steht fest, daß beim Ausschneiden der zur Umformung bestimmten Teile eine Verfestigung der Schnittkanten eintritt, die mit zunehmender Werkzeugabstumpfung erheblich gesteigert wird. Gleichzeitig führt die Abstumpfung zur Gratbildung. Diese Erscheinungen beeinflussen die Umformbarkeit ungünstig. Es ist daher notwendig, Zwischenglühungen schon nach wenigen Arbeitsstufen vorzunehmen, als dies bei einem Werkstoff der Fall wäre, der vor dem ersten Arbeitsvorgang geglüht wird. Man arbeitet also wirtschaftlicher, wenn man vorher glüht. Ein weiterer Vorteil besteht darin, daß beim Glühen auch Alterungserscheinungen aufgehoben werden.

Der Betrieb betrachtet das Glühen mit Recht als ein notwendiges Übel, da es aus dem Rahmen der maschinellen Fertigung herausfällt. Weil es aber nicht zu umgehen ist — Ausnahmen machen Tiefzieharbeiten auf Stufenpressen, an denen es bekanntlich möglich ist, hintereinander bis zu 10 Arbeitsfolgen ohne Glühungen durchzuführen — muß dieser Arbeitsvorgang so wirtschaftlich wie möglich durchgeführt werden. Hierzu ist der elektrisch beheizte Glühofen, in dem das Glühgut unter Schutzgas steht, am besten geeignet. Das Glühgut kommt vollkommen sauber aus dem Ofen und kann sofort weiter verarbeitet werden.

Das bei anderen Glüharten erforderliche umständliche Entzundern durch Beizen fällt fort. Der Ofen kann bei Bearbeitung von nicht zu sperrigen Teilen in der Nähe der Pressen so aufgestellt werden, daß zur Einsparung von Transporten die Beschickung unmittelbar von der Arbeitsstelle aus auf mechanischem Wege geschieht. Bei glatten Zuschnitten, die vor dem Umformen geglüht werden, erfolgt die Zuführung aus dem Magazin, wobei das Ausstoßen automatisch mit einer Vorrichtung, z. B. mit einem Eldrogerät möglich ist. Einige Beispiele lassen die Vorteile des Glühens vor der Umformung erkennen.

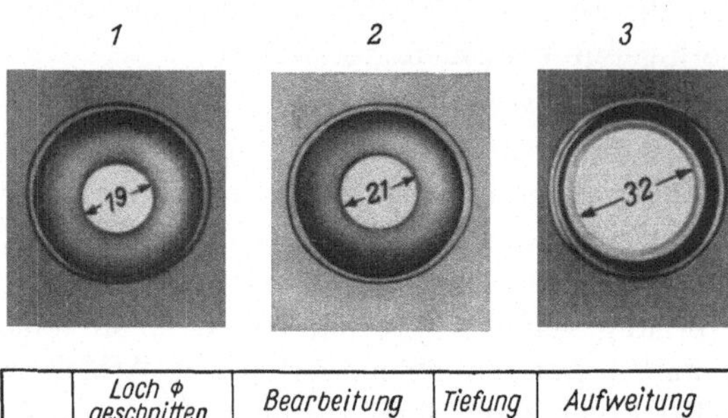

	Loch φ geschnitten	Bearbeitung	Tiefung	Aufweitung
1	15 mm	nicht entgratet	9 mm	19 mm ~25%
2	"	entgratet	11 mm	21 mm ~40%
3	"	entgratet und geglüht	16 mm	32 mm = 2,1 fach

Abb. 133. Untersuchung der Schnittkantenhärte an Tiefziehstahlblech durch Lochaufweitung. Werkstoff 4 U St 13

Den Einfluß, den die Entfernung des Grates und das Glühen vor der Umformung hat, erkennt man an einem Lochaufweitungsversuch nach Abb. 133. Der innere Probenrand des 15 mm vorgelochten, 4 mm dicken Tiefziehbleches Güte VII zeigt, auf 19 mm aufgeweitet, mehrere Einrisse. Nach dem Entgraten konnte eine Erweiterung auf 21 mm bis zum Einreißen vorgenommen werden, und nach einer Glühung bei 600° C nach vorausgegangenem Entgraten auf 32 mm. Der Aufweitung entsprechend stieg auch die Tiefung an.

An den Werkstoffen 1 und 2 Abb. 134 ist zu erkennen, wie die Härte an den Schnittkanten nach dem Ausschneiden erheblich angestiegen ist. Der Gefügeausgleich tritt bei der Temperatur von 600° C recht schnell ein, so daß für Werkstoff 1 eine Glühdauer von 20 min und für Werkstoff 2 etwa 5 min genügen würden.

Das Werkstück nach Abb. 135 rechts ist nach vorherigem Glühen in einem Arbeitsvorgang im Durchzugverfahren des Ausschnittes geformt worden. Zur Erhöhung der Aufnahme und Versteifung dient die um die Bohrung liegende Wulst.

Beim Biegen von Winkeln aus zugeschnittenen Blechstreifen muß daran gedacht werden, daß ebenso wie beim Ausschneiden mit einem Schnittwerkzeug auch beim Trennen auf der Tafelschere eine Verhärtung

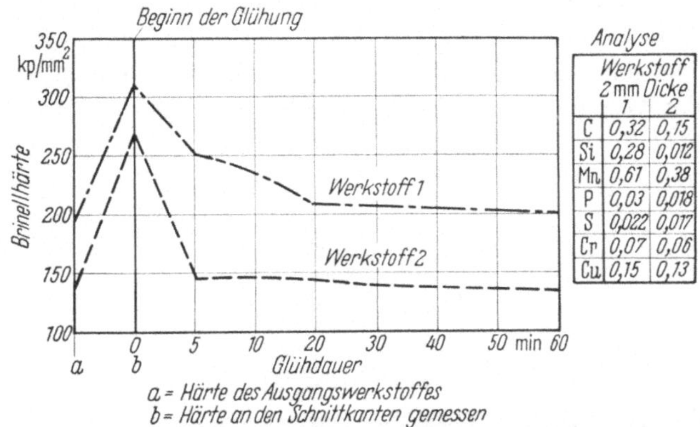

Abb. 134. Vergütung der Schnittkanten an 2 mm dicken Blechen durch Glühen bei 600 °C. Einfluß der Glühdauer

der Schnittkanten eintritt. Abb. 136 läßt einen Schnitt durch 10 mm dicken Werkstoff erkennen. Die Vergrößerung des Punktes 5 zeigt links die durch den Obermesserdruck verursachte Verdichtung des Gefüges

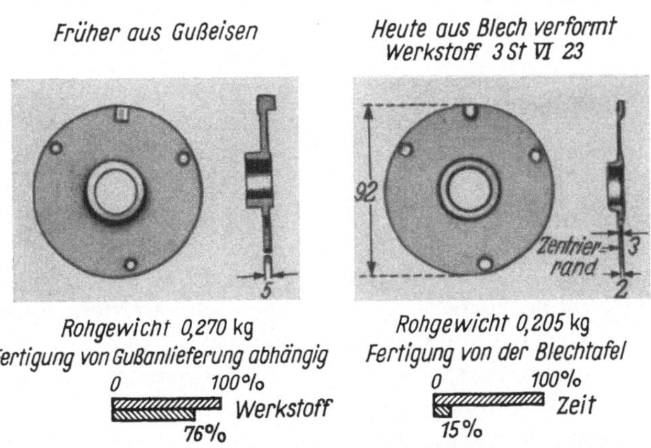

Abb. 135. Flansch für Anlasser. Neue Werkstoffbezeichnung U St. 12

und rechts davon den Werkstofffluß an der Trennungslinie. Ganz rechts ist das Gefüge wieder normal. In der Vergrößerung des Punktes 6 erkennt man deutlich die Umformung nach der Abtrennungslinie hin. Der Werkstoff wird hier mitgerissen. Er setzt seiner Zertrümmerung Widerstand entgegen. Die Verdichtung tritt an der Messerstelle gleich-

mäßig auf. — Abb. 137a—c zeigen ein Z-förmig gebogenes Teil aus
Werkstoff 4 St 00.22, das nach dem Zuschnitt auf der Tafelschere vor
dem Biegen sauber entgratet wurde. In Abb. 137b ist zu erkennen, daß
trotzdem beim Biegen mit außenliegender Gratseite Einrisse entstanden
sind, die zum Dauerbruch führen. Die entgegen der Gratseite gebogene
Fläche (Abb. 137c) hat den Biegevorgang ausgehalten, ohne Riß-
bildung zu zeigen. Man soll also zur Vermeidung von Brüchen Biegungen
nur mit der Gratseite nach innen durchführen. In fast allen Fällen
lassen sich U-förmig gebogene Winkel ebenso gut weiter verarbeiten
wie Z-förmige, da sie in der Regel Verbindungszwecken dienen.

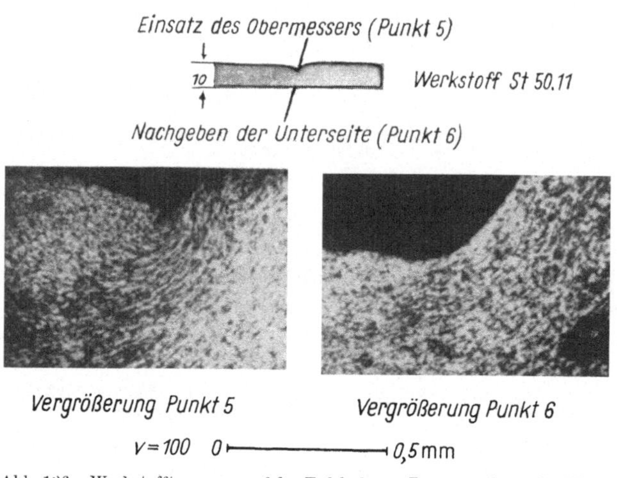

Abb. 136. Werkstofftrennung auf der Tafelschere. Beanspruchung der Werk-
stoffaser an der Schnittstelle

Besonders empfindlich ist bei derartigen Umformungen das Tiefziehblech mit seinem feinkörnigen Gefüge. Hier ist das Glühen vor
dem Biegen besonders zu empfehlen. Dieser Werkstoff kann bis zu
1,5 mm Dicke ohne vorheriges Glühen gezogen werden, wenn im Anschluß daran eine Glühung erfolgt. Wichtig ist auch, daß der Walzrichtung Rechnung getragen wird. Die Biegekante soll im rechten
Winkel zum Werkstofffluß liegen. In vielen Fällen wird ein Biegehalbmesser von 1 mm verlangt, weil es der Verwendungszweck des Werkstückes erfordert. Hier muß vor und nach dem Biegevorgang geglüht
werden. Die Abb. 138 und 139 zeigen die Einwirkung auf das Gefüge
beim Biegen mit verschiedenen Halbmessern von 2,5 mm dickem Blech
U St 13.

In den Schliffbildern erkennt man die Gefügeverschiebungen und die
vollkommene Rekristallisation nach der Glühung. Weiter sieht man,

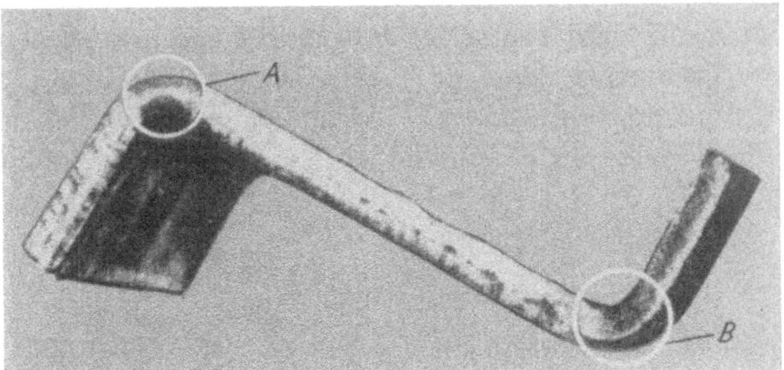

Abb. 137a. Z-förmig gebogener Winkel

Abb. 137b. Ausschnittvergrößerung zu Bild 137a.
Grat auf der Biegungs-Innenseite

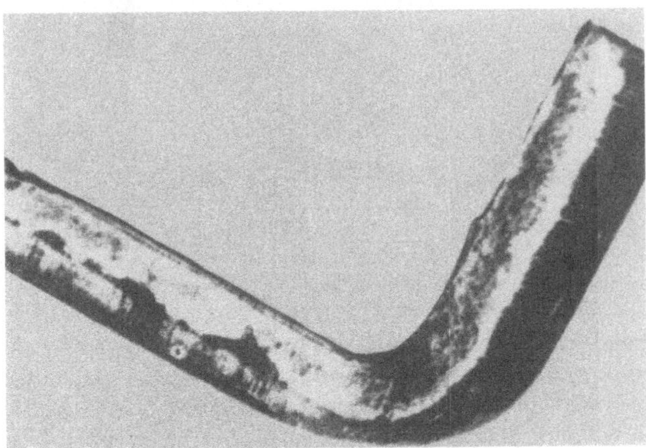

Abb. 137c. Ausschnittvergrößerung zu Bild 137a.
Grat auf der Biegungs-Außenseite

daß auch bei der Vergrößerung der Biegehalbmesser die Beanspruchung des Werkstoffes immer noch groß ist. Die Schliffbilder der äußeren Schicht der ungeglühten Winkel mit 4 mm und 1 mm Biegehalbmesser unterscheiden sich kaum voneinander. Die Gefügeverschiebungen ver-

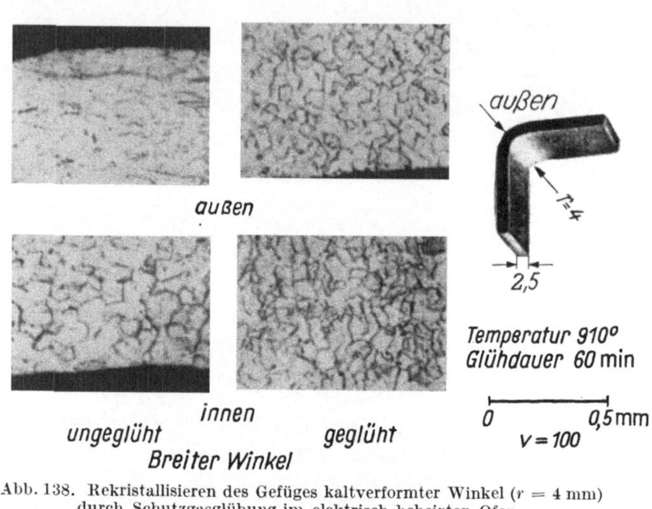

Abb. 138. Rekristallisieren des Gefüges kaltverformter Winkel ($r = 4$ mm) durch Schutzgasglühung im elektrisch beheizten Ofen

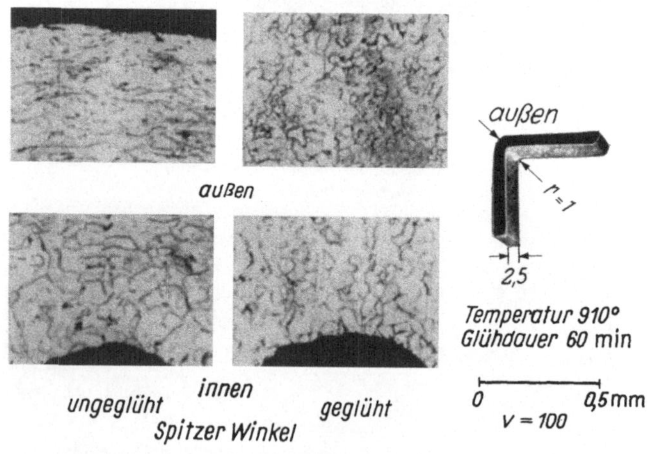

Abb. 139. wie Abb. 138, jedoch für Winkel $r = 1$ mm

laufen vollkommen gleichmäßig und zeigen fast gleiche Werkstoffbeanspruchung. In Abb. 140 ist 4,5 mm dicker Werkstoff in ungeglühtem Zustand um 180° gebogen. Die Länge der Biegekante (senkrecht zur Bildebene) beträgt 580 mm, der umgelegte Teil ist 22 mm breit. Die gegenüberliegende Seite ist in gleicher Weise geformt. Die Breite des beiderseits umgelegten Streifens ist 160 mm. Nach dem Umlegen erfolgt eine Weiterformung zu einem zylinderförmigen Körper über die innenliegenden schmalen Umlagen. Die Schliffbilder lassen erkennen, daß eine Bearbeitung des Werkstoffes im ungeglühten Zustand nicht möglich

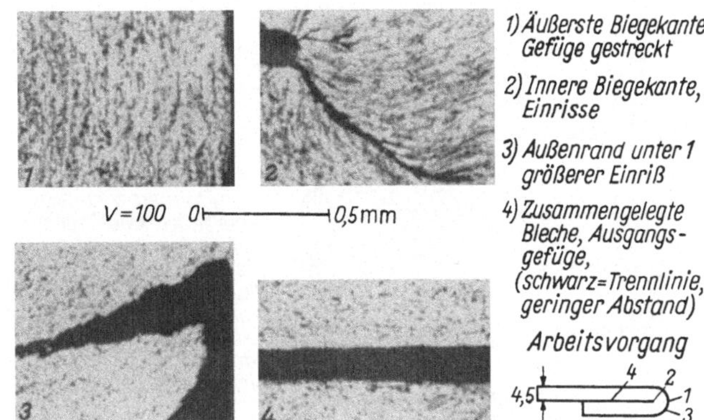

Abb. 140. Gefügebild eines um 180° gebogenen Blechstreifens. Werkstoff 4,5 U St 13

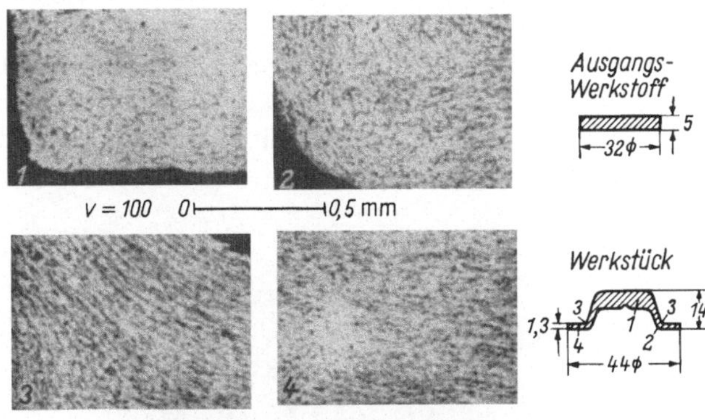

Abb. 141. Gefügebild eines kaltgepreßten Werkstückes. Werstoff 5 U St 13

ist. Nach einer Glühung der zugeschnittenen Streifen im elektrischen Schutzgasofen kann die Umformung ohne Bruchgefahr geschehen.

Beim Kaltfließpressen eines Werkstückes nach Abb. 141 würde die geringe Umformung kein vorheriges Glühen erfordern. Es hat sich aber gezeigt, daß bei geglühtem Werkstoff der äußere Durchmesser von 44 mm so sauber rund wird, daß kein Nachschneiden notwendig ist.

Die Schliffbilder zeigen die Gefügeverschiebung. Der Einfluß des Glühens auf den Werkstoff vor der Verarbeitung macht sich beim Tiefziehen bemerkbar. Die unliebsame Zipfelbildung verschwindet, sobald

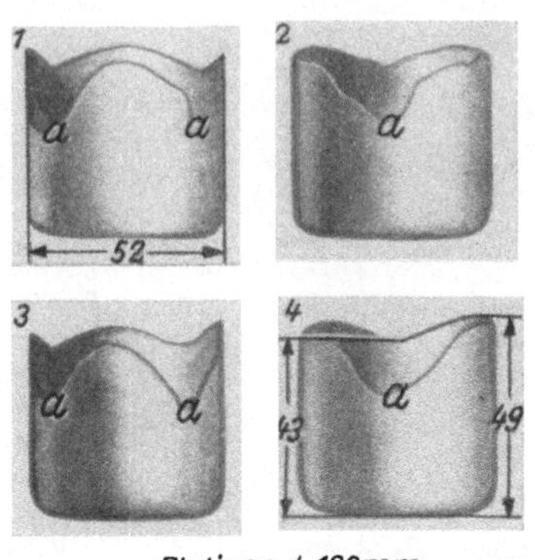

Abb. 142. Zipfelbildung beim Tiefziehen und ihre Verhütung. Werkstoff 1 U St 13

der Zuschnitt vor dem Ziehen geglüht wird. Der in Abb. 142 gezeigte Versuch an ein und derselben Blechtafel als Ausgangswerkstoff beweist das. Bei der Verarbeitung von Bandstahl verschwindet auch der seit-

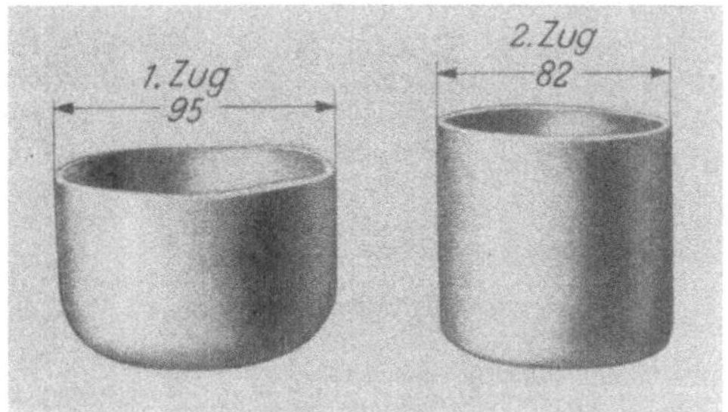

Abb. 143. Mit Zwischenglühung gezogenes Werkstück aus
Bandstahl. Werkstoff 2,5 U St 13 weich

liche Höhenunterschied, weil die Dicke gleichmäßiger ist. Dies ist in Abb. 143 deutlich zu erkennen. Bei den hier gezeigten Teilen diente Bandstahl als Ausgangswerkstoff. Nach dem ersten Zug wurde eine Glühung eingeschoben. Hier konnten durch Anwendung der Vorglühung viele Fehlstücke vermieden und somit Werkstoffe gespart werden.

6 Mechanisierung und Automatisierung in der Stanztechnik

Die Automatisierung in der Stanztechnik ist nicht eigentlicher Gegenstand dieser Abhandlung. Vielmehr wird auf die Veröffentlichungen und Arbeiten der zuständigen Gremien verwiesen. Lediglich einige grundsätzliche Betrachtungen sollen im Rahmen dieser Arbeit gestattet sein.

Die vollzogene Umstellung der Stanzarbeit von der Handarbeit auf selbsttätig arbeitende Maschinen, Folgewerkzeuge und pausenlosen Arbeitsablauf hat auf diesem Fertigungsgebiet zu erstaunlichen Leistungssteigerungen geführt. Auch zum Teil erforderliche Werkstoffumstellungen haben die Automatisierung der Stanzbetriebe nicht aufhalten können.

Maschinen

Im Stanzmaschinenbau sind Maschinen entwickelt worden, deren besondere Gestaltung der Umformungsmöglichkeit der Werkstoffe weitgehend Rechnung trägt.

Tiefziehpressen lassen sich auf die verschiedensten Gangarten umstellen, so daß die Ziehgeschwindigkeit der Form des Werkstückes entsprechend geregelt werden kann.

Kniehebelpräge- und Kurbelpressen sind durch die verstärkte Anwendung der Kaltspritztechnik von Leicht- und Schwermetallen weiter ausgebaut worden. Der Preßdruck wird durch eingebaute Vorrichtungen bei jedem Arbeitsstück registriert. Eine Überlastung der Maschinen, verbunden mit Ständerbruch, ist nicht mehr möglich, da bei Überschreitung der Höchstbelastungsgrenze die Kupplung selbsttätig ausgeschaltet wird.

Exzenterpressen sind weiter verbessert worden. Bei kleineren Pressen wird besonderer Wert auf einen schnellen Stößelniedergang, hervorgerufen durch eine plötzlich wirkende Kupplung, gelegt. Man erreicht hierdurch ein schnelleres Arbeitstempo und begegnet gleichzeitig der Unfallgefahr, indem man das Nachgreifen zum eingelegten Werkstück erschwert. Große Pressen baut man heute fast ausschließlich mit Lamellenkupplungen und elektropneumatischer Betätigung. Die Möglichkeit des sofortigen Stillsetzens in jeder Stößelstellung erhöht die Betriebssicherheit und erleichtert das Einrichten.

Zur weitgehend selbsttätigen Durchführung der Arbeiten baut man die Maschinen für ununterbrochene Fertigung, bei der die Werkstücke mit mehreren Arbeitsvorgängen in einer Reihenfolge hergestellt werden. Für die Durchführung der verschiedenen Arbeitsweisen dienen *selbsttätige Zuführungen* zu den Maschinen und Verbindungen der Pressen untereinander mit *Hubvorrichtungen* und *Transportbändern*. Zur Automatisierung gehört auch die automatische *Zerkleinerung* oder *Verpackung* des bei der Arbeit entstehenden *Abfalles*.

Werkzeuge

Für die wirtschaftliche Durchführung der Fertigung eines Arbeitsstückes ist die benötigte Stückzahl ausschlaggebend. Der Verbrauch bestimmt auch die Art der anzufertigenden Werkzeuge und Vorrichtungen. Es ist zu unterscheiden, ob die Fertigung in einzelnen halb- oder

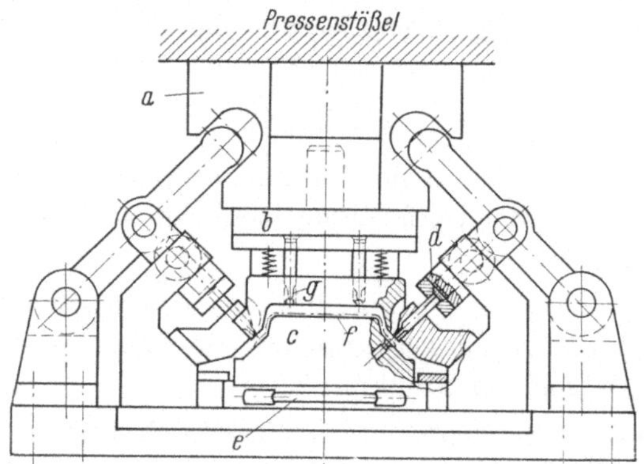

Abb. 144. Verbundwerkzeug zum Stechen von Löchern. *a* = Werkzeugkopf, *b* = Werkzeugoberteil, *c* = ausziehbares Werkzeugunterteil, *d* = Stechstempel, *e* = Handgriff, *f* = Werkstück, *g* = Niederhalter, Zehn Löcher werden gleichzeitig gestochen. (Werkstoff Ms)

vollautomatischen Arbeitsvorgängen vorzunehmen ist, ob man die Arbeitsvorgänge in das Werkzeug legt oder ob man sie selbsttätig von der Maschine ausführen läßt. Aufschluß über den hier einzuschlagenden Weg gibt die Kalkulation, bei deren Aufstellung die richtige Erfassung der Unkosten besonders zu beachten ist.

Für das *Zusammenlegen mehrerer Arbeitsvorgänge* in ein Werkzeug stellt die Werkzeuganordnung Abb. 144 ein Beispiel dar. Hier hat man zwei Werkzeuge miteinander vereinigt und drei Arbeitsvorgänge zu einem zusammengefaßt. Ein besonderer Vorteil besteht in der erzielten Genauigkeit der Lochabstände innerhalb der einzelnen Werkstücke, der bei der Herstellung in mehreren Arbeitsfolgen nicht zu erreichen ist. Man ist hierdurch in der Lage, mit einer Vorrichtung, und ebenfalls in einem Arbeitsvorgang, in die gestochenen Löcher Gewinde einzuschneiden, ohne ein Abbrechen der Gewindebohrer wegen nicht passender Lochabstände befürchten zu müssen. Der Kopf des Werkzeuges ist so gebaut, daß er zur Aufnahme sämtlicher für diese Werkstücke erforderlichen Locher dient. Die erzielten Ersparnisse an Zeit betragen für das Lochen 67% und für das Gewindeschneiden 74%.

In dem *Verbundwerkzeug* Abb. 145 wird das rechteckige gezogene Werkstück in einem Arbeitsvorgang ausgeschnitten, durch Tiefziehen umgeformt und an dem umgelegten Rand auf Maß geschnitten. Das fertige Werkstück kommt also maßhaltig aus der Maschine. Beim Arbeiten mit solchen Werkzeugen muß der Rohstoff vollkommen gleichmäßig in der Dicke sein, besonders darf er keine Plustoleranzen haben. Man verarbeitet vorzugsweise kaltgewalztes Band, bei dem die zulässigen Dickenunterschiede unterhalb des Nennmaßes liegen. Auf diese Weise werden ein Festsetzen des Werkstückes im Werkzeug und die damit verbundenen langwierigen Nebenarbeiten vermieden.

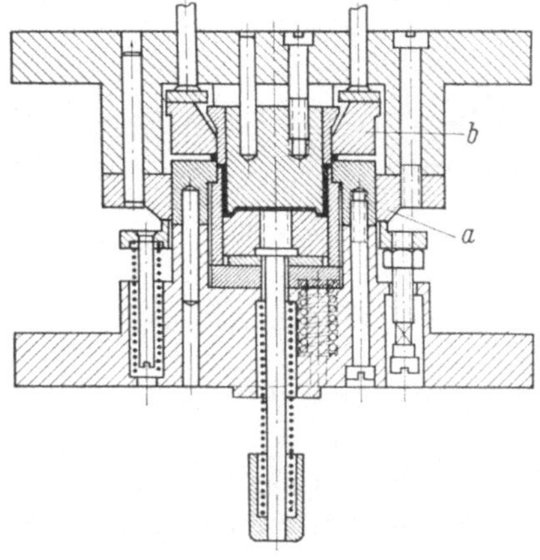

Abb. 145. Verbundenes Ausschneid-Zieh- und Beschneidwerkzeug a = Werkstück

Mehrfachwerkzeuge finden besonders bei der Fertigung kleiner Werkstücke Anwendung. In begrenztem Maße können mit ihnen gleichzeitig außer dem Ausschneiden auch Umformungen vorgenommen werden.

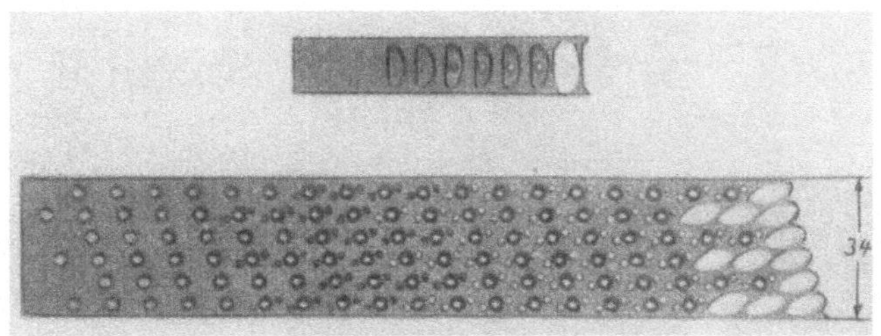

Abb. 146. Stanzen von Kontaktstücken mit Einzel- und Mehrfachwerkzeug; oben: Streifen bei Einzelfertigung mit 42% Abfall; unten: Streifen bei Fertigung mit Mehrfachwerkzeug bei 32% Abfall; Werkstoff: Ms mit 0,2 mm Dicke

Beispielsweise werden bei der Herstellung von Kontaktstücken durch Arbeiten mit einem Mehrfachwerkzeug gegenüber der Einzelfertigung etwa 23% an Werkstoff und über 80% an Zeit eingespart (Abb. 146). Jeder Stößelniedergang bringt mit dem Mehrfachwerkzeug sechs fertig umgeformte und geschnittene Teile aus der Maschine.

Fließfertigung

Die pausenlose Fertigung von Werkstücken mit mehreren Arbeitsvorgängen durch Überleiten zu anderen Maschinen führt sich in der Stanztechnik immer mehr ein, da sie äußerst wirtschaftlich ist.

Abb. 147. In automatischer Fertigung hergestellte Verschlußklappe, Werkstoff U St 13, Dicke 0,3 mm. Zur Herstellung dient die automatische Anlage nach Abb. 148

Bei der Verschlußkappe, Abb. 147, wird durch die Anwendung der automatischen Fertigung die Herstellungszeit gegenüber der Einzelfertigung um 95% herabgesetzt. Die Fertigung geschieht auf einem Aggregat, Abb. 148, das aus Exzenterpresse mit Gewindedrückmaschine besteht und eine Leistung von 6000 Stück je Stunde hat. Es wird aus der *vollen Blechtafel*, die zur bestmöglichsten Werkstoffausnutzung im Zickzackverfahren durch die Presse geführt wird, gearbeitet. Beim Umformen der ausgeschnittenen Ronde dient der Schnittring als Faltenhalter. Mit der im Kompressor *a*, Abb. 148, erzeugten Preßluft führt

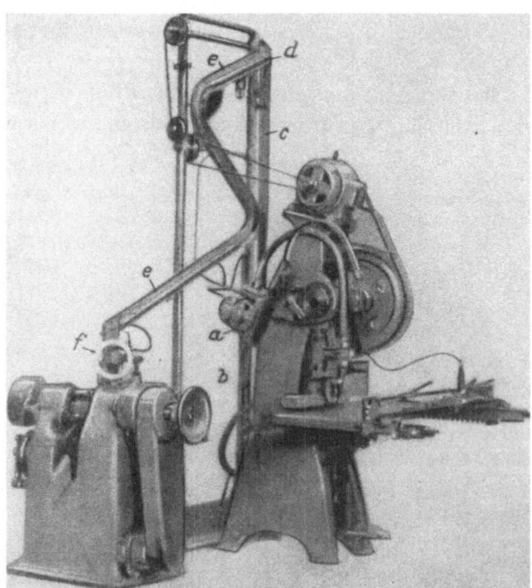

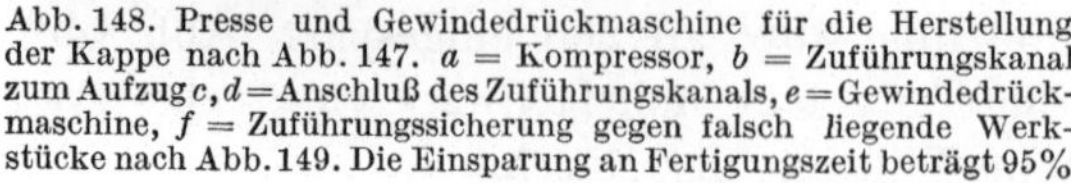

Abb. 148. Presse und Gewindedrückmaschine für die Herstellung der Kappe nach Abb. 147. *a* = Kompressor, *b* = Zuführungskanal zum Aufzug *c*, *d* = Anschluß des Zuführungskanals, *e* = Gewindedrückmaschine, *f* = Zuführungssicherung gegen falsch liegende Werkstücke nach Abb. 149. Die Einsparung an Fertigungszeit beträgt 95%

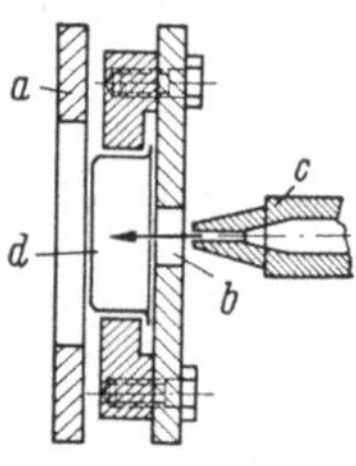

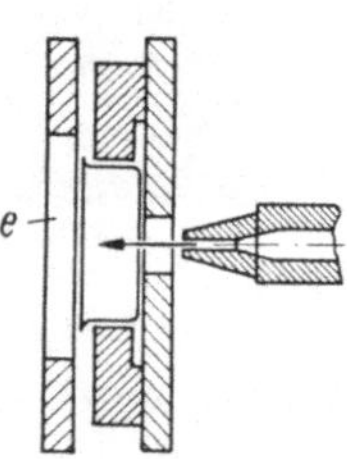

Abb. 149. Zuführungssicherung zur Gewindedrückmaschine Abb. 148. *a* = Wandung des Zuführkanals *b* = Eintrittsöffnung für Luftstrom aus Düse, *c*, *d* = Werkstück in richtiger Lage verbleibt im Kanal, *e* = Werkstück in falscher Lage wird ausgeworfen

eine Düse das Zerstäuben des Schmiermittels für den Arbeitsgang aus, während ein anderer Luftstrom das gezogene Werkstück in den Kanal *b* bläst, der es vor einen Aufzug *c* bringt. Von hier aus wird es mit einem Kettenzug bis zum Punkt *d* gebracht, um dort durch einen Luftstrom in den Kanal *e* geblasen und in die Gewindedrückmaschine geführt zu werden.

Eine gut durchdachte Einrichtung verhütet bei *f* das Eindringen eines *falsch eingeführten Ziehstückes* in die Gewindedrückmaschine und bewahrt Werkzeug und Maschine vor Schaden. Kurz vor dem Eintritt in die Maschine ist die eine Kanalwandung *a*, Abb. 149, mit einer Bohrung, die größer als das gesamte Werkstück ist, versehen. Die gegenüberliegende Wandung hat ein kleines Loch *b*, vor dem eine Luftdüse *c* angebracht ist. Ein in richtiger Lage anwanderndes Teil *d* rollt an dieser Stelle weiter, während ein falsch eingestelltes Stück *e* durch den leichten Luftstrom der Düse ausgestoßen wird.

Abb. 150: zeigt eine *Presse mit Gewindedrückmaschine*. Aus dem unteren Streifenbild erkennt man, wie die Anlage wirkt. In der Exzenterpresse werden die Kappen zunächst ausgeschnitten, die Abfallringe bei dem Beschneiden von den fertiggezogenen und beschnittenen Kappen gleichzeitig getrennt. Die beschnittenen Kappen fallen in einen Vibrator, der die Teile für das Gewindedrücken in die Gewindedrückmaschine ableitet.

Abschließend zeigen die Abb. 151 bis 154 noch vier Beispiele aus der Autoindustrie.

Abb. 151: *Fertigung von Töpfen für Vorderachskörper*, von denen die Querlenker getragen werden.

Abb. 152: Ein pneumatisch betätigter Greifer, *die eiserne Hand*, faßt den eben geprägten Unterbau, hebt ihn aus dem Gesenk und legt ihn auf ein Transportband, das ihn der nächsten Maschine zuführt.

Abb. 153: Der *Transport der Werkstücke von einer Ziehpresse zur anderen ist* fast völlig automatisiert. Kaum öffnet sich das Maul der Presse und gibt das eben geprägte Teil — eine Motorhaube — frei, da faßt schon ein pneumatischer Greifer zu, zieht es aus dem Gesenk heraus und legt es für eine Wende-Vorrichtung griffbereit.

Abb. 154: zeigt eine *vollkommen automatisch arbeitende*, elektrisch gesteuerte *Fertigungsstraße* für die Herstellung einer Automobil-Tür. Der gesamte Fertigungsablauf wird nur noch von einem einzigen Mann von dem Schaltpult aus gesteuert. Solche Fertigungsstraßen befreien den Menschen von ständig wiederkehrenden Verrichtungen und von der Bindung an den technischen Rhythmus und entziehen ihn zugleich den hauptsächlichen Unfallgefahren. Es kann vorkommen, daß durch einen Fehler an irgend einer Stelle der Kette die ganze Gruppe stillsteht. Es

ist daher empfehlenswert, zuverlässige Einheiten und Steuerelemente
einzusetzen und den Werkzeugwechsel besonders zu behandeln. Werkzeuge sollten nur in den Betriebspausen planmäßig ausgewechselt und
auf die volle Ausnutzung der möglichen Standzeiten verzichtet werden
[53].

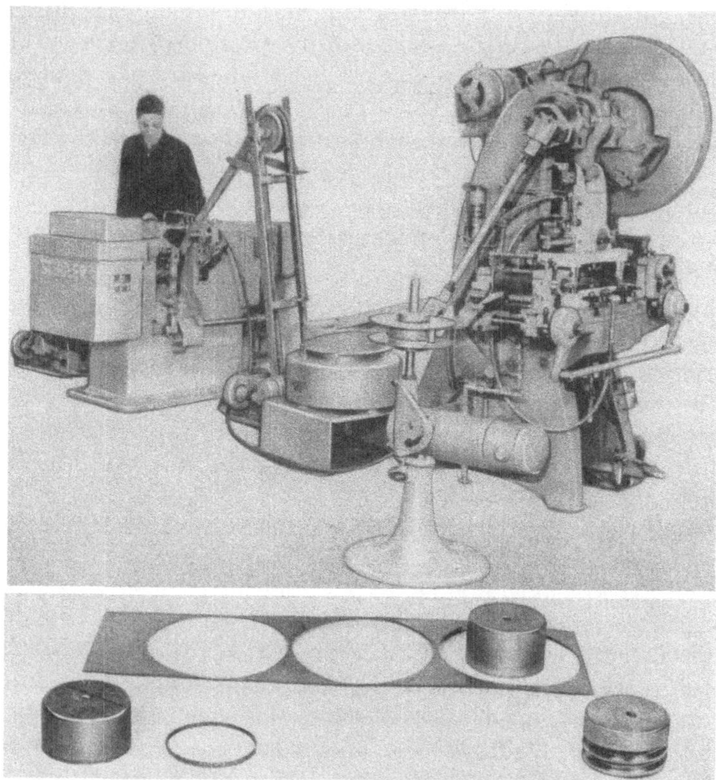

Abb. 150. Presse mit Gewindedrückmaschine

Mit einer Ziehpresse (1) und sechs folgenden Kurbelpressen (2—7)
wird in dieser Straße die Tür-Innenhaut gefertigt. Die Blechtafel wird
mit Hilfe eines Einlegers der Ziehpresse zugeführt, das tiefgezogene Teil
mit einer eisernen Hand entnommen und über ein Gummiförderband
weitertransportiert. Im gleichen Takt durchwandert das Teil die folgenden Kurbelpressen und erfährt somit eine aufeinanderfolgende Weiterverarbeitung. Zu erwähnen ist noch, daß zwischen Presse 3 und 4 eine
Hochfrequenz-Glühanlage geschaltet ist, in der rißgefährdete Stellen vor
der Weiterverarbeitung automatisch geglüht werden. Im Anschluß an

Abb. 151. Fertigung von Töpfen für Vorderachskörper

Abb. 152. ,,Eiserne Hand"

Abb. 153
Transport der Werkstücke von einer Ziehpresse zur anderen

Abb. 154. vollkommen automatisch arbeitende Fertigungsstraße

die bereits genannten Kurbelpressen durchläuft die Tür-Innenhaut automatisch eine Nietmaschine (Annieten der Türscharniere) und sechs Schweißmaschinen, durch die Verstärkungen angebracht werden und die schließlich die Tür-Innenhaut mit der Tür-Außenhaut verbinden. Am Ende der automatischen Fertigungsstraße wird die Rohbautür automatisch einer endlosen Transportkette zugeführt, von dieser Kette aufgenommen und zur nächsten Bearbeitungsstelle weitertransportiert.

Die Steuerung sämtlicher Pressen, Schweißmaschinen und der Fördereinrichtungen ist auf das Hauptsteuerpult (im Bild neben Tiefziehpresse 1) geschaltet, von dem aus sämtliche Arbeitstakte im vorgeschriebenen Rhythmus automatisch geschaltet werden. Voraussetzung hierfür ist selbstverständlich, daß alle vorhandenen Sicherungen, wie z. B. Lichtschranken, Zweihandschaltungen und Schutzstangen usw. die Taktzeit nicht unterbrechen. Auftretende Störungen oder Fehler werden am Hauptsteuerpult durch ein Lichtzeichen und eine Signalglocke registriert. Die Taktzeit dieser automatischen Fertigungsstraße beträgt etwa 5 Hübe je Minute.

7 Schrifttum

[1] AWF-Stanzereimappe, Berlin und Köln: Beuth-Vertrieb.

[2] AWF-Richtwertblätter für den Stanzerei-Großwerkzeugbau, Berlin und Köln: Beuth-Vertrieb.

[3] AWF 1502 Hartmetall-Schnittwerkzeuge der Stanzereitechnik, Berlin und Köln: Beuth-Vertrieb.

[4] AWF 1506 Richtlinien für den wirtschaftlichen Einsatz der Stanzereiwerkzeuge, Berlin und Köln: Beuth-Vertrieb.

[5] AWF 5971 Richtlinien für Werkstoffersparnis bei Schnitt- u. Stanzteilen, Berlin und Köln: Beuth-Vertrieb.

[6] AWF 5974 Auswahl der Stähle für Stanzereiwerkzeuge, Berlin und Köln: Beuth-Vertrieb.

[7] BILLIGMANN: Stauchen und Pressen, München: Carl Hanser Verlag.

[8] BOSSE: Aus der Praxis des Werkzeugmachers in der Stanzerei, München: Carl Hanser Verlag.

[9] CRAFTS, W.: Härtbarkeit und Auswahl von Stählen, Berlin/Göttingen/Heidelberg: Springer.

[10] EISENKOLB: Das Prüfen von Feinblechen, München: Carl Hanser Verlag.

[11] EYSEN: Gedanken zur internationalen Normung von Stanzereiwerkzeugen, Ind. Anz. 3 (1953) S. 1345/1353.

[12] GABLER: Stanzereitechnik in der feinmechanischen Fertigung, München: Carl Hanser Verlag.

[13] GÖHRE: Werkzeuge und Pressen der Stanzerei, Düsseldorf: VDI-Verlag.

[14] GÖHRE: Leistungssteigerung in der Stanzereitechnik, München: Carl Hanser Verlag.

[15] GRÖBNER, H.: Welches Stanzereiwerkzeug ist das wirtschaftlichste? Industriebl. 3 (1956) S. 98/100.

[16] GRÖBNER, H.: Biege- und Prägetechnik bei der Verarbeitung von Feinblech aus Stahl, Merkbl. Nr. 182, Beratungsstelle für Stahlverwendung, Düsseldorf.

[17] HILBERT: Stanzereitechnik Bd. 1: Schneidende Werkzeuge, Bd. 2: Umformende Werkzeuge, München: Carl Hanser Verlag.

[18] HILBERT: Der runde Ausschnitt, München: Carl Hanser Verlag.

[19] HILBERT: Die Berechnung des Schwerpunktes, München: Carl Hanser Verlag.

[20] HILBERT: Die Vorkalkulation in der Stanzereitechnik, München: Carl Hanser Verlag.

[21] HÖRTIG, W.: Wirtschaftlichkeit der Stufenpressen bei der Fertigung kleiner Stückzahlen, W. u. M. 7 (1957) S. 343/349.

[22] KACZMAREK: Die moderne Stanzerei, Berlin/Göttingen/Heidelberg: Springer.

[23] KIENZLE, O.: Grundsätze der Werkzeuggestaltung, W. u. M. 5 (1953) S. 181/198.

[24] MEISSLER: Erprobte Werkzeuge aus der Stanzereitechnik, München: Carl Hanser Verlag.

[25] Normblätter der Stanzereitechnik, Berlin und Köln: Beuth-Vertrieb.

[*26*] OEHLER: Taschenbuch für Schnitt- und Stanzwerkzeuge, Berlin/Göttingen/Heidelberg: Springer.

[*27*] OEHLER: Universal-Schnitt- und Stanzwerkzeuge, München: Carl Hanser Verlag.

[*28*] OEHLER–KAISER: Schnitt-, Stanz- und Ziehwerkzeuge, Berlin/Göttingen/Heidelberg: Springer.

[*29*] OEHLER: Das Blech und seine Prüfung, Berlin/Göttingen/Heidelberg: Springer.

[*30*] OEHLER, G.: Blechumformung mittels elastischer Druckmittel, Mitteilungen d. Forschungsges. Blechverarbeitung Nr. 16 (1958) S. 177/188.

[*31*] OEHME, K.: Erfahrungen aus dem Stanzereiwerkzeugbau, München: Carl Hanser Verlag.

[*32*] PANKNIN, W.: Das Hydroformverfahren und hydromechanisches Tiefziehen, Industrieblatt H. 6 (1959) S. 245/249.

[*33*] PANKNIN, W.: Die Formgebungsverfahren der Blechverarbeitung, Blech, H. 6 (1959) S. 162/170.

[*34*] Rationalisierung — 100 Beispiele aus den Betrieben, herausgeg. im Auftrage des Arbeitsringes ADB–REFA–AWF vom Verband für Arbeitsstudien, München: Carl Hanser Verlag 1955.

[*35*] SCHACHTEL, FR.: Wirtschaftliches Ausschneiden von Blechteilen, Göttingen/Heidelberg/Berlin: Springer Verlag.

[*36*] SCHULER: Taschenbuch für wirtschaftliche Blechbearbeitung, Göppingen: Schuler.

[*37*] SLIGLE, J. G. u. J. LOTT: Die Anwendung von Gummi in Werkzeugen für die Blechbearbeitung, Blech 7 (1960) S. 341/347.

[*38*] THORWARTH: Das Ziehen im Streifen, Werkstatt und Betrieb H. 9 (1958) S. 572/577.

[*39*] TIMMERBEIL, FR. W.: Der Einfluß der Schneidkantenabnutzung auf den Schneidvorgang am Blech, W. u. M. 2 (1956) S. 58/66.

[*40*] Verarbeitung von Leichtmetallen in der Stanzereitechnik, RKW 124, zu beziehen beim AWF, Berlin.

[*41*] VERGEN, E.: Wirtschaftliche Blechumformung bei geringen Stückzahlen, Ind. Anzeiger, Nr. 39 (1958) S. 577/581.

[*42*] VERGEN, E.: Glühen in der Stanzerei, Ind. Anz. Nr. 49 (1952).

[*43*] VERGEN, E. u. E. LUX: Zinkwerkzeuge beim Umformen von Blech, Mittgn. d. F. Blechverarbtg. 13/14 (1960) S. 177/182.

[44] VDI-Handbuch Betriebstechnik, Teil 3: Betriebsmittel/Fertigungsmittel, Düsseldorf: VDI-Verlag.

[*45*] WEINGARTEN: Ausgewählte Kapitel der spanlosen Formung für Konstruktion und Betrieb.

[*46*] WILDFÖRSTER: Aus der Praxis des Schnittwerkzeugbaues, Halle/Saale: C. Marhold, Verlagsbuchhandlung.

[*47*] WITTHOFF, J.: REFA-Buch, Bd. 5: Der kalkulatorische Verfahrensvergleich, München: C. Hanser-Verlag.

[*48*] Zeiß-Ikon: Normalien für Schnitt- und Stanzwerkzeuge, Zeiß-Ikon, Stuttgart.

[*49*] ZÖLISCH, O.: Richtlinien für die Anwendung und die Gestaltung wirtschaftlicher Stanzereiwerkzeuge, W. u. M. 2 (1956) S. 60/75.

[*50*] Blech in Konstruktion und Fertigung, Sonderdruck, Verlag W. Girardet, Essen Nr. 3 (1953).

[*51*] Flächenschlüssige Polygone und kreisartige Scheiben (Bild- u. Textteil), Inst. f. Werkzeugm. und Umformtechnik, TH. Hannover.

[52] OEHLER, F.: Umformen von Blech mit Hilfe von Gummi, Mitteilungen d. Forschungsges. Blechverarbeitung (1957) S. 186.
[53] DOLEZALEK, C. M.: Grundsätzliche Überlegungen zur Technik der automatisierten Fertigung, W. u. M. H. 2 (1958) S. 70/73.

8 Übersicht wichtiger Normblätter

DIN

6930	Stanzteile (geschnittene, gebogene, abgekantete und formgestanzte Teile aus flach gewalztem Stahl), technische Lieferbedingungen
6934	Kastenähnliche Formpreßteile aus Stahl, warm verformt, zulässige Abweichungen
6935	Kaltabkanten und Kaltbiegen von flach gewalztem Stahl
6936	Streifen aus flach gewalztem Stahl geschnitten, zulässige Abweichungen
6937	Rechteckige und kreisförmige Teile aus flach gewalztem Stahl, geschnitten, zulässige Abweichungen
6938	Vieleckige Teile aus flachgewalztem Stahl, geschnitten, zulässige Abweichungen
6939	Mittellöcher in ebenen Teilen aus flach gewalztem Stahl, zulässige Mittigkeits-Abweichungen
6940	Löcher und Lochgruppen in ebenen Teilen und Profile aus flach gewalztem Stahl, zulässige Abweichungen für Durchmesser und Abstände
6944	Hutprofile aus flach gewalztem Stahl, kalt und warm formgestanzt, zulässige Abweichungen
6945	Napfförmige Teile aus flach gewalztem Stahl, warm gezogen, zulässige Abweichungen
9811	Entwurf Säulengestelle, Allgemeines, Ausführungsarten, Anforderungen
9812	Entwurf, –, mit mittigstehenden Führungssäulen
9813	–, Oberteile
9814	Entwurf –, – und bewegliche Führungsplatten
9815	Bl. 1 –, Säulengestell mit beweglicher Führungsplatte, Führungsplatten Bl. 2 –, Oberteile
9816	Entwurf Säulengestelle, mit mittigstehenden Führungssäulen u. dickem Oberteil
9817	–, Oberteile und Führungsplatten
9818	Einfachsäulengestelle, Säulengestelle m. bewegl. Führungspl., Grundplatten
9819	–, m. rechteckiger Arbeitsfl. u. übereck angeordneten Säulen, Zusammenstellung
9820	– –, Oberteile
9821	– –, Grundplatten
9822	Entwurf – –, mit hinten stehenden Säulen
9823	– –, Oberteile
9824	– –, Grundplatten
9825	– –, Führungssäulen und Halteringe
9827	Einspannzapfen und Kupplungszapfen m. Aufnahmefutter für Gesamtschnitte
9859	Bl.1 Einspannzapfen, Übersicht, allgemeine Abmessungen Bl. 2 – –, mit Nietschaft. Bl. 3 – –, mit Gewindeschaft. Bl. 4 – –, mit Hülse und Bund. Bl. 5 – –, mit runder Kopfplatte. Bl. 6 –, mit eckiger Kopfplatte

DIN

9861 Runde Schneidstempel bis 14,4 mm Seitenschneider

9862 Seitenschneider

9863 – –, Anschläge

9864 Bl. 1 Runde Suchstifte. Bl. 2 – –, Anschlußmaße, Anwendungsbeispiele

9866 Bl. 1 Stempelköpfe, rund. Bl. 2 – –, eckig. Bl. 3, – –, leichte Ausführung

9867 Bl. 1 Schnittkästen, Übersicht, Zuordnung der Stempelköpfe DIN 9866 zu den Schnittkästen
Bl. 2 Schnittkästen. Bl. 3 – –, leichte Ausführung. Bl. 4 – –, ohne Unterplatte. Bl. 5 – – –, für eingelassene Schnittplatten, Richtlinien für Schnittplatten

9870 Bl. 1 Entwurf, Begriffe für Arbeitsverfahren der Stanzereitechnik Übersicht, allgemeine Begriffe. Bl. 2 Entwurf – –, Arbeitsverfahren, Schneiden. Bl. 3 –, –, Stanzen. Bl. 4 – –, – –, Tiefziehen. Bl. 5 – –, – –, Drücken. Bl. 6 – –, – –, besondere Arbeitsverfahren des Umformens. Bl. 7 – –, – –, Arbeitsverfahren Pressen und Kaltfließpressen

55001 Bl. Entwurf Scheren, Benennung und Kurzzeichen.

Normhefte

Normheft 17: Rechtwinklige und Schiefwinklige Abkantungen von Blechen
Normheft 18: Stanzereitechnik, bearb. v. H. Hilbert (1950), Beuth-Vertrieb.

9 Sachverzeichnis

Abdeckscheibe 4
Abfalloses Schneiden 3
Abschluß-Jalousiedeckel 53
Aluminiumkappe 63
Anschluß-fahne 8
— -klemme 32, 57
— -winkel 4
Anwendungsbeispiele aus der Praxis 23
Aufhängung 61
Ausleger 65
Ausnutzung von Bändern bei runden Ausschnitten 9
Automatisierung, Mechanisierung und — in der Stanztechnik 103

Befestigungsschelle für Schalttafel 46
Beschneiden und Biegen, gleichzeitiges — 36
Buchse 64

Callotan-Verfahren 21

Deckel 60
Deckelöffnung 60
Distanzstück 3
Doppelblech nach Insektenflügelbauart 19

Einzelteile eines Weckers 33
Eiserne Hand 107, 109

Federkontakt 52
Federteller 38
Fertigungsstraße, automatisch arbeitende 107, 110
Flachschienen 38
Flächenschluß-System 9
Flansch 67
Fließfertigung 106
Führungsblech 40
Fußkontakt 6

Gabelschaftsrohr-Verstärkung 4
Gehäusedeckel 57
Gehäusefuß 36
Gemeinsamer Zuschnitt 14
Gewindedrückmaschine für die Herstellung einer Kappe 106, 108
Glockenschale 31
Glühen in der Stanztechnik 95
Grenzstückzahlen, Wirtschaftlichkeitsberechnung und — 87
Gummischneid- und Ziehverfahren 81

Halter für Becherkondensatoren 5
— — Fensterrolle 44
— — Gewindeblock 45
Handbremshebel 68.
Hartmetallbestückte Schnittwerkzeuge 49
Hohlkörper, Erhöhung der Seitensteifigkeit an einem — 19
Hohlteil mit quadratischer Grundfläche 64
Hydroformverfahren 85
Hydromechanisches Werkzeug 87

Insektenflügelbauart, Doppelblech nach — 19

Joch (Haltewinkel) eines Weckers 55

Klammer 32
Klappe 60
Klemmhebel 93
Kollektorbuchse 36
Kondensatorträger 3
Kontaktstück 46
Konstruktive Anpassung 6
Kostenvergleich für die Herstellung eines Leuchtschirmes 88
Kralle 29
Kurvenscheibe 52

Lampenfassung 36, 37
Leiste 49
Leuchtschirm 88
Löt-öse 30
— -ösen in einem Verteiler 14
— -platte 31

Magnetkernblech 47
Mechanisierung und Automatisierung
   in der Stanztechnik 103
Mehrfachwerkzeuge 14
Minderung des Abfalles 4
Montagering 7

Nietscheibe 8
Normblätter, Übersicht 114, 115
Normhefte 115
Nußhälfte 41

Ösen, auf Zahnstangenpresse hergestellt 48

Querträgerhalter 40

Rändelschraube 92
Riemenscheibe 70
Ring, mit Biegestanze hergestellt 71
Ringe, aus Gummi, Leder oder Pappe
   mit Schnitteisen hergestellt 51
Runde Ausschnitte, Ausnutzung von
   Bändern bei — n — n 9

Schelle 42
Scheibe 33
Scheinwerfer, Zierring für — 70
Schnitteisen, Ringe aus Gummi, Leder
   oder Pappe mit — hergestellt 51
Schrifttum 112
Schutzkappe 65
Sicherungshalter 17
Sockelplatte 6
Spezialflansch 66

Steckerbuchse 57
Steg 18
Strombrücke 6

Tastenhebellagerkamm 59
Tellerscheibe 44
Töpfe für Vorderachskörper 107
Transport schwerer Stücke 107
Türinnenhaut, Fertigung einer — 108

Veränderung der Zuschnittform 2
Verbundwerkzeug zum Stechen von
   Gewindelöchern 104
Verfahrensbedingte Maßnahmen 53
Verrippung 18
Versteifungsrippen, Anordnung von —
   23
Volle Werkstoffausnutzung 3
Vormaterial, Einsparung durch Wahl
   17
Verschlußkappe 70

Wecker, Einzelteile eines — 33
Werkstoffersparnis, Möglichkeiten der
   — bei der Konstruktion 1
Werkstoffsparendes Bauelement Callo-
   tan 21
Werkstückbedingte Maßnahmen 1
Werkzeugbedingte Maßnahmen 29
Winkel 18, 39, 52
Wirtschaftlichkeitsberechnung und
   Grenzstückzahlen 87

Ziehen auf Stufenpressen 712
— in mehrreihigen Streifen 72
Zieh-technik 72
— -verfahren, neuere 85
Zinkwerkzeuge zum Umformen von
   Blech 72
Zuführungssicherung zur Gewinde-
   drückmaschine 106, 107